한날 글·그림 / 이젠수학연구소 지음

1학년에게 꼭 필요한

도형과 측정

[만화 교과서]

이젠교육
EZEN EDUCATION

한날 글·그림
웹툰·이모티콘 캐릭터 작가로 활동하며 캐릭터 그리는 것을 평생의 즐거움으로 살아가고 있습니다. 웹툰 '동물농장'과 '인생다반사'를 연재했으며, 카카오톡 이모티콘 '인생다반사'와 '짤모티콘' 등을 출시하였습니다. 쓰고 그린 책으로는 《읽으면서 바로 써먹는 어린이 영단어》, 《읽으면서 바로 써먹는 어린이 맞춤법》, 《읽으면서 바로 써먹는 어린이 관용구》, 《읽으면서 바로 써먹는 어린이 속담》, 《읽으면서 바로 써먹는 어린이 퀴즈》, 《읽으면서 바로 해보는 어린이 게임》 등이 있습니다.

http://blog.naver.com/ngmspg   http://www.instagram.com/hannal_01

이젠수학연구소 지음
이젠수학연구소는 유아에서 초중고까지 학생들이 수학의 바른길을 찾아낼 수 있도록 수학 학습법을 연구하는 이젠교육의 수학 연구소입니다. 수학 실력은 하루아침에 완성되지 않으며, 다양한 경험을 통해 발달합니다. 그길에 친구가 되고자 노력합니다.

1학년에게 꼭 필요한 도형과 측정 (만화 교과서)

초판 1쇄 발행 | 2022년 1월 10일

지 은 이 이젠수학연구소
펴 낸 이 임요병
펴 낸 곳 ㈜이젠미디어
출판등록 제 2020-000073호
주 소 서울시 영등포구 양평로 22길 21 코오롱디지털타워 404호
전 화 (02)324-1600
팩 스 (031)941-9611
인스타그램 @ezeneducation
블 로 그 http://blog.naver.com/ezeneducation

@이젠교육
ISBN 979-11-90880-65-7

1학년에게 꼭 필요한

도형과 측정

한날 글·그림 / 이젠수학연구소 지음

시작하면 끝까지 보는
초등수학 필독서

꼭 읽어야 하는
만화 교과서
+
꼭 풀어야 하는
수학 익힘책

이젠교육
EZEN EDUCATION

한날 글·그림
웹툰·이모티콘 캐릭터 작가로 활동하며 캐릭터 그리는 것을 평생의 즐거움으로 살아가고 있습니다. 웹툰 '동물농장'과 '인생다반사'를 연재했으며, 카카오톡 이모티콘 '인생다반사'와 '짤모티콘' 등을 출시하였습니다. 쓰고 그린 책으로는 《읽으면서 바로 써먹는 어린이 영단어》, 《읽으면서 바로 써먹는 어린이 맞춤법》, 《읽으면서 바로 써먹는 어린이 관용구》, 《읽으면서 바로 써먹는 어린이 속담》, 《읽으면서 바로 써먹는 어린이 퀴즈》, 《읽으면서 바로 해보는 어린이 게임》 등이 있습니다.

http://blog.naver.com/ngmspg http://www.instagram.com/hannal_01

이젠수학연구소 지음
이젠수학연구소는 유아에서 초중고까지 학생들이 수학의 바른길을 찾아낼 수 있도록 수학 학습법을 연구하는 이젠교육의 수학 연구소입니다. 수학 실력은 하루아침에 완성되지 않으며, 다양한 경험을 통해 발달합니다. 그길에 친구가 되고자 노력합니다.

1학년에게 꼭 필요한 도형과 측정

초판 1쇄 발행 | 2022년 1월 10일

지 은 이 이젠수학연구소
펴 낸 이 임요병
펴 낸 곳 ㈜이젠미디어
출판등록 제 2020-000073호
주　　소 서울시 영등포구 양평로 22길 21
코오롱디지털타워 404호
전　　화 (02)324-1600
팩　　스 (031)941-9611
인스타그램 @ezeneducation
블 로 그 http://blog.naver.com/ezeneducation

@이젠교육
ISBN 979-11-90880-65-7

1학년에게 꼭 필요한

도형과 측정

만화 교과서

구성과 특징

1학년에게 꼭 필요한
도형과 측정

수학 웹툰 전문 작가의 캐릭터를 활용한 실생활 이야기로

수학에 대한 호기심과 자신감을 키워요.

1 여러 가지 모양
01 상자 모양, 둥근기둥 모양, 공 모양으로 찾기
잘 받아!
휘릭
얘들아, 여기 있었구나.
후다닥
너희들 뭐하고 있어?
우린 지금 공놀이를 하고 있는 중이야.
씰룩
씰룩
앗!
6
● 무엇을 배울까요? 일상 생활에서 상자 모양, 둥근기둥 모양, 공
모양의 특징을 이용하여 상자 모양, 둥근기둥
같은 것끼리 분류하게 합니다.
● 언제 배울까요? 초등학교 1학년 1학기 여러 가지 모양 단원에
너희들 내가 묘기 하나 보여 줄까?
묘기?
응! 내가 요즘 연습하고 있는 게 있거든.
궁금
응! 보여 줘! 어떤 묘기야?
척
궁금
내가 이 농구공 위로 올라가서 안 넘어지고 서 있어 볼게.
척
7

학습 포인트 1

수학 교과서 단원의 내용을 실생활 소재를 활용한 만화로 재미있게 읽으면서 수학에 대한 호기심을 가질 수 있습니다.

학습 포인트 2

만화 속 내용과 연결된 수학 교과서 학년과 학기의 단원을 소개하고, 무엇을 배우는지 알 수 있습니다.

캐릭터와 함께하는 주제별 질문식 수학 개념을

쉽고 재미있게 읽으면서 원리를 이해해요!

모양
우리 주변의
찾을 수

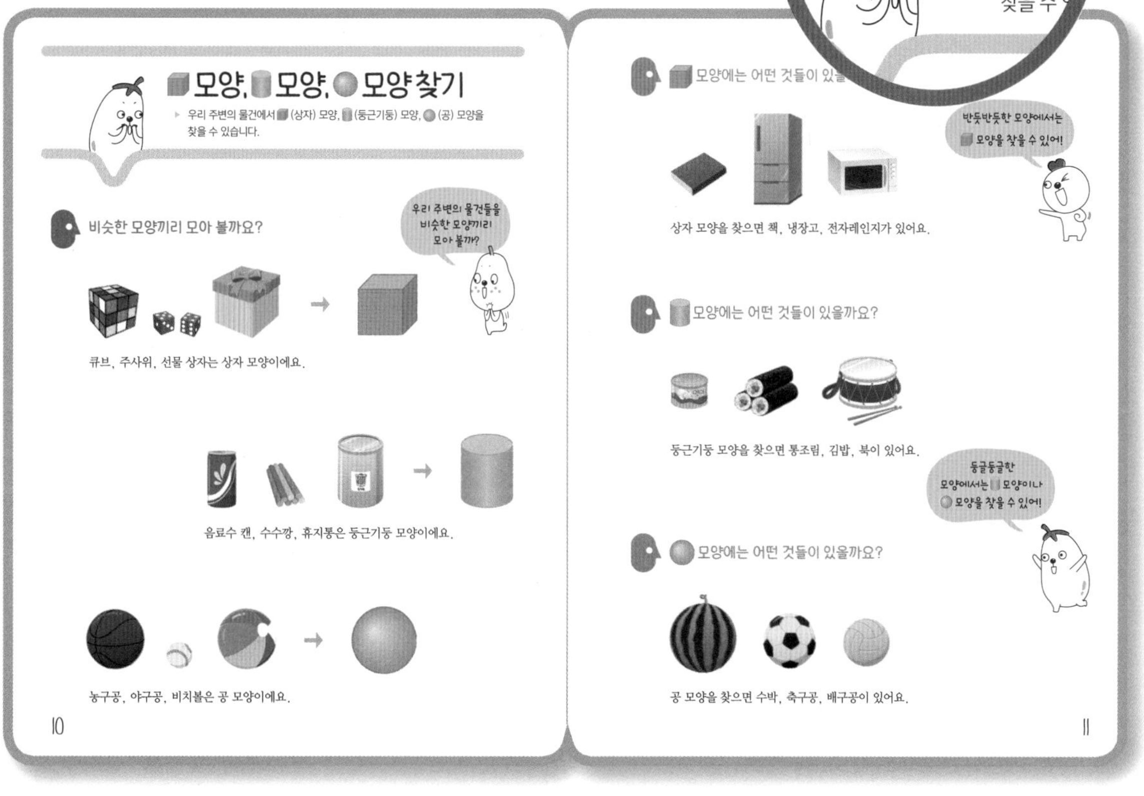

모양, 모양, 모양 찾기
우리 주변의 물건에서 (상자) 모양, (둥근기둥) 모양, (공) 모양을 찾을 수 있습니다.
비슷한 모양끼리 모아 볼까요?
우리 주변의 물건들을 비슷한 모양끼리 모아 볼까?
큐브, 주사위, 선물 상자는 상자 모양이에요.
음료수 캔, 수수깡, 휴지통은 둥근기둥 모양이에요.
농구공, 야구공, 비치볼은 공 모양이에요.
10
모양에는 어떤 것들이 있을
반듯반듯한 모양에서는 모양을 찾을 수 있어!
상자 모양을 찾으면 책, 냉장고, 전자레인지가 있어요.
모양에는 어떤 것들이 있을까요?
둥근기둥 모양을 찾으면 통조림, 김밥, 북이 있어요.
둥글둥글한 모양에서는 모양이나 모양을 찾을 수 있어!
모양에는 어떤 것들이 있을까요?
공 모양을 찾으면 수박, 축구공, 배구공이 있어요.
11

학습 포인트 3

수학 교과서의 개념을 수학 만화와 연결하여 원리를 정확히 이해할 수 있습니다.

학습 포인트 4

주제별 원리에 대한 질문에 대해 생활에서 볼 수 있는 내용을 그림으로 재미있게 구현하여 쉽게 이해할 수 있습니다.

차례

1학년에게 꼭 필요한
도형과 측정

1. 여러 가지 모양

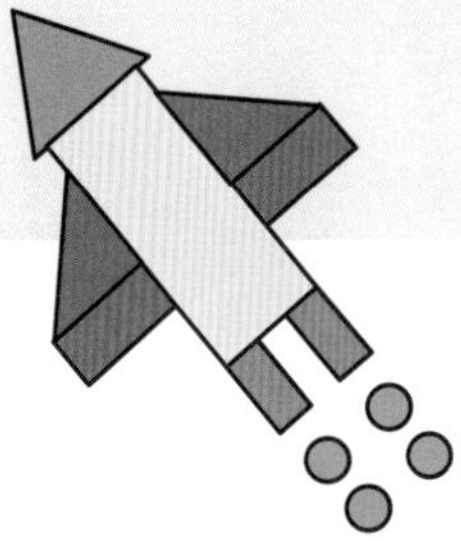

2. 비교와 분류

작가의 말

여러분에게 수학이란 어떤 의미인가요? 친해지고 싶은 친구인가요? 아니면 정복하고 싶은 대상이나 넘을 수 없는 장애물인가요? 각자마다 느끼는 수학의 의미는 다르겠지만 아마도 확실한 것은 우리 삶에 있어서 꼭 필요한 존재라는 사실이에요. 하지만 꼭 필요하지만 가까이 다가가기 어려울 때가 있죠. 과일채소 친구인 (쵸배, 배찌, 체로, 가징, 토리)도 마찬가지거든요. 그럴때마다 쵸배, 배찌, 체로, 가징, 토리는 일상생활에서 재미있게 수학을 접하며 즐긴답니다. 어린이 여러분도 이젠 이 책 속으로 들어가 과일채소 친구들과 함께 수학의 재미에 풍덩 빠져들 수 있었으면 하는 바람입니다.

01 상자 모양, 둥근기둥 모양, 공 모양으로 찾기

잘 받아!
휘릭
얘들아, 여기 있었구나.
후다닥
너희들 뭐하고 있어?
우린 지금 공놀이를 하고 있는 중이야.
씰룩
씰룩
앗!

● 무엇을 배울까요? 일상 생활에서 상자 모양, 둥근기둥 모양, 공 모양을 찾아보게 합니다. 모양의 특징을 이용하여 상자 모양, 둥근기둥 모양, 공 모양의 물건을 모양이 같은 것끼리 분류하게 합니다.

● 언제 배울까요? 초등학교 1학년 1학기 여러 가지 모양 단원에서 배워요.

너희들 내가 묘기 하나 보여 줄까?
묘기?
긁적
긁적
응! 내가 요즘 연습하고 있는 게 있거든.
궁금
응! 보여 줘! 어떤 묘기야?
척
궁금
내가 이 농구공 위로 올라가서 안 넘어지고 서 있어 볼게.
척

엥?
말도 안 돼!
공은 원 모양이라서
쉽게 굴러 가는데.
맞아.
서기도 전에
넘어질걸?
좋아!
내가 보여 주지!
호잇!
파밧
척
어때?
오옷!
정말이잖아.
대단해!
후훗~ 연습을 통해
균형 감각을 키웠어.

잘 봐!
이번엔 한 발로 서 볼게.
토리야.
이제 그만하고 내려 와~
휙
히히~
나를 걱정해 주는 건
알겠지만 전혀 걱정할
필요 없어.
그게 아니라
토리야.
엥?
계속 올라가 있어서
농구공에 바람이 빠져!
맞아!
얼른 내려와.
척
척
끄응.
내 걱정이 아니라
농구공을 걱정한 거구나.

모양, 모양, 모양 찾기

▸ 우리 주변의 물건에서 (상자) 모양, (둥근기둥) 모양, (공) 모양을 찾을 수 있습니다.

비슷한 모양끼리 모아 볼까요?

우리 주변의 물건들을
비슷한 모양끼리
모아 볼까?

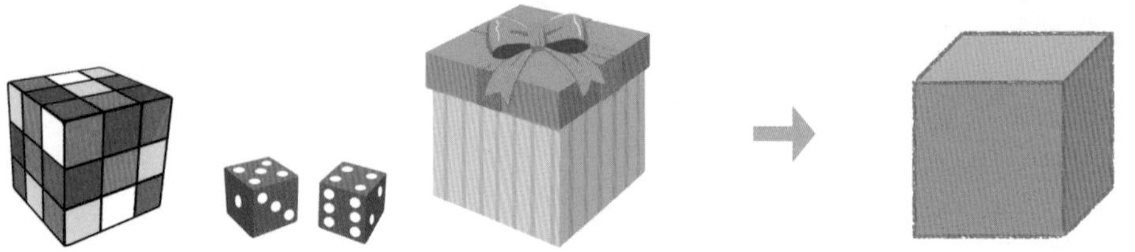

큐브, 주사위, 선물 상자는 상자 모양이에요.

음료수 캔, 수수깡, 휴지통은 둥근기둥 모양이에요.

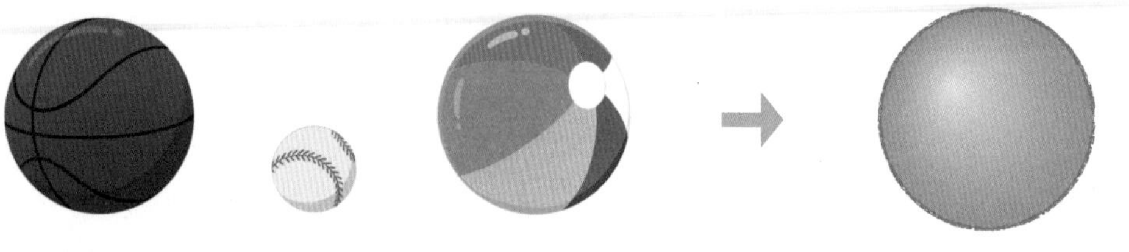

농구공, 야구공, 비치볼은 공 모양이에요.

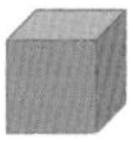 모양에는 어떤 것들이 있을까요?

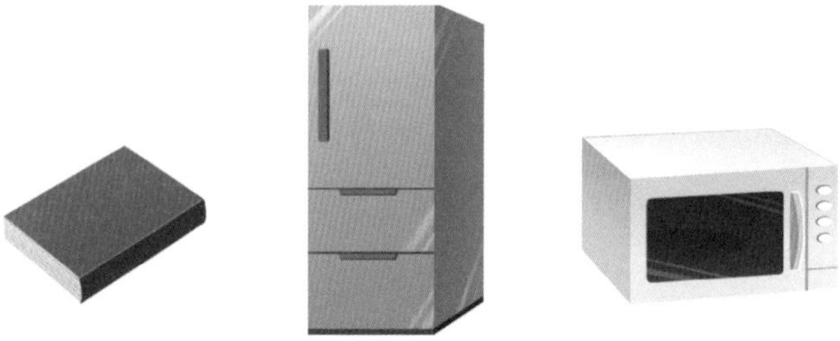

반듯반듯한 모양에서는
모양을 찾을 수 있어!

상자 모양을 찾으면 책, 냉장고, 전자레인지가 있어요.

 모양에는 어떤 것들이 있을까요?

연어

둥근기둥 모양을 찾으면 통조림, 김밥, 북이 있어요.

둥글둥글한
모양에서는 모양이나
모양을 찾을 수 있어!

 모양에는 어떤 것들이 있을까요?

공 모양을 찾으면 수박, 축구공, 배구공이 있어요.

02 상자 모양, 둥근기둥 모양, 공 모양으로 알기

딩동딩동~
딩동딩동~
오옷! 드디어 왔다!
빼앵~
엥? 뭐가 왔단 말이지?
쫑긋
룰루~
통
통

- 무엇을 배울까요? 모양의 일부분만 보고 상자 모양, 둥근기둥 모양, 공 모양을 알 수 있게 합니다.
  모양에 대한 설명을 듣고 상자 모양, 둥근기둥 모양, 공 모양을 알 수 있게 합니다.
- 언제 배울까요? 초등학교 1학년 1학기 여러 가지 모양 단원에서 배워요.

짜잔!
드디어 택배가 왔어.
싱글
벙글
얼른 뜯어 봐야지.
찌익
찌익
찌익
찌익
다 뜯었다!
이제 택배 상자는
필요 없으니까…
오잉?
휙!

또헉
휙!
으악!
휙!
꽈당
체로야!
그렇게 함부로 상자를
던지면 어떡해!
네모난 상자는 평평한 면도
있지만 뾰족한 부분도
있단 말이야.
히히~ 미안해.
앞으로는 조심할게.
그런데 무슨 택배가 왔길래
그렇게 허겁지겁 뜯는 거야?
아,
이건 말이지~
주섬
주섬

짠!
응!
새로 나온 민트 초코 맛이
나왔길래 사 봤어.
척
맛있겠다.
나도 민트 초코 사탕
엄청 좋아하는데,
헤헤.
앗, 정말?
좋아. 내가 사과하는 뜻으로
이 막대 사탕을 나눠 먹자!
척
오옷! 정말?
그럼 그걸
반 쪼개서 줄 거야?
아니~ 잠깐만.
내가 한번 빨고~
쪼옥
쪼옥
자!
이번엔 네가 빨아.
이렇게 번갈아서
빨아 먹으면 되지.
그냥 너 다 먹어라.
아이~ 참.
같이 먹자니까.
쪼옥

모양, 모양, 모양 알기

▶ (상자) 모양, (둥근기둥) 모양, (공) 모양의 특징을 알면 모양의 일부분만 보고 어떤 모양인지 알 수 있습니다.

모양은 어떤 특징이 있을까요?

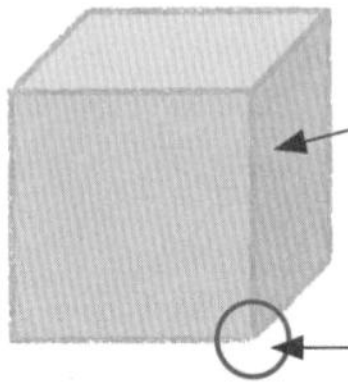

평평한 부분이 있어요.
뾰족한 부분이 있어요.

평평한 부분과 뾰족한 부분이 있어요.
잘 쌓을 수 있어요.
잘 굴러가지 않아요.

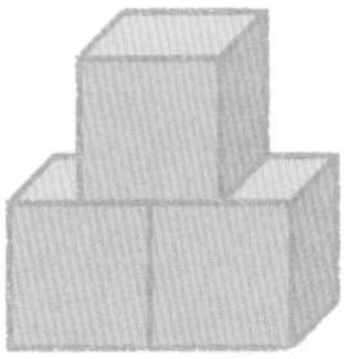

평평한 부분이 있어서 잘 쌓을 수 있어요.

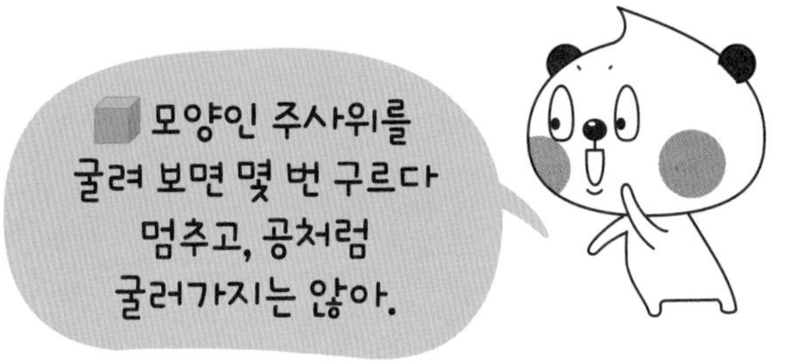

모양인 주사위를 굴려 보면 몇 번 구르다 멈추고, 공처럼 굴러가지는 않아.

모양은 어떤 특징이 있을까요?

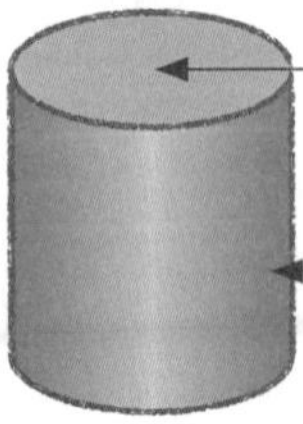

평평한 부분이 있어요.
둥근 부분이 있어요.

평평한 부분과 둥근 부분이 있어요.
세우면 잘 쌓을 수 있어요.
눕히면 잘 굴러가요.

평평한 부분으로 세우면 잘 쌓을 수 있어요.

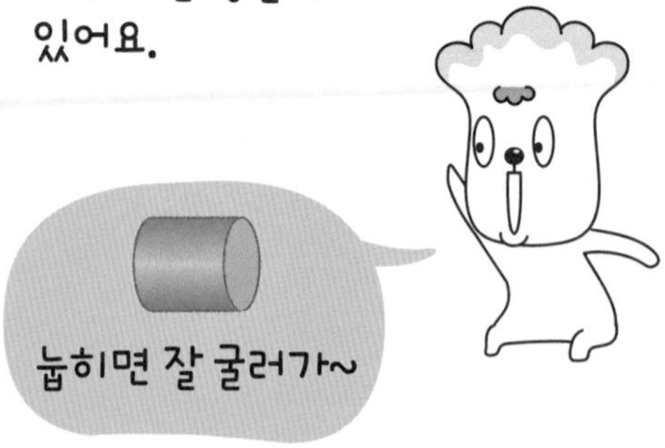

눕히면 잘 굴러가~

 모양은 어떤 특징이 있을까요?

모든 부분이 둥글어요.
잘 쌓을 수 없어요.
어느 방향으로든 잘 굴러가요.

모양의 일부분만 보고 어떤 모양인지 알아맞혀 볼까요?

평평한 부분과 뾰족한 부분이 보여요.
 모양이에요.

평평한 부분과 둥근 부분이 보여요.
 모양이에요.

평평한 부분이 없고 둥근 부분만 보여요.
 모양이에요.

03 상자 모양, 둥근기둥 모양, 공 모양으로 만들기

너희들 뭐하고 있어?
배찌야~
지금 다양한 나무 모양으로 장난감을 만들고 있어.

우아~ 재미있겠다.
방긋
너희들 뭘 만들 거야?

● 무엇을 배울까요? 상자 모양, 둥근기둥 모양, 공 모양의 물건을 이용하여 여러 가지 모양을 만들어 보게 합니다.

● 언제 배울까요? 초등학교 1학년 1학기 여러 가지 모양 단원에서 배워요.

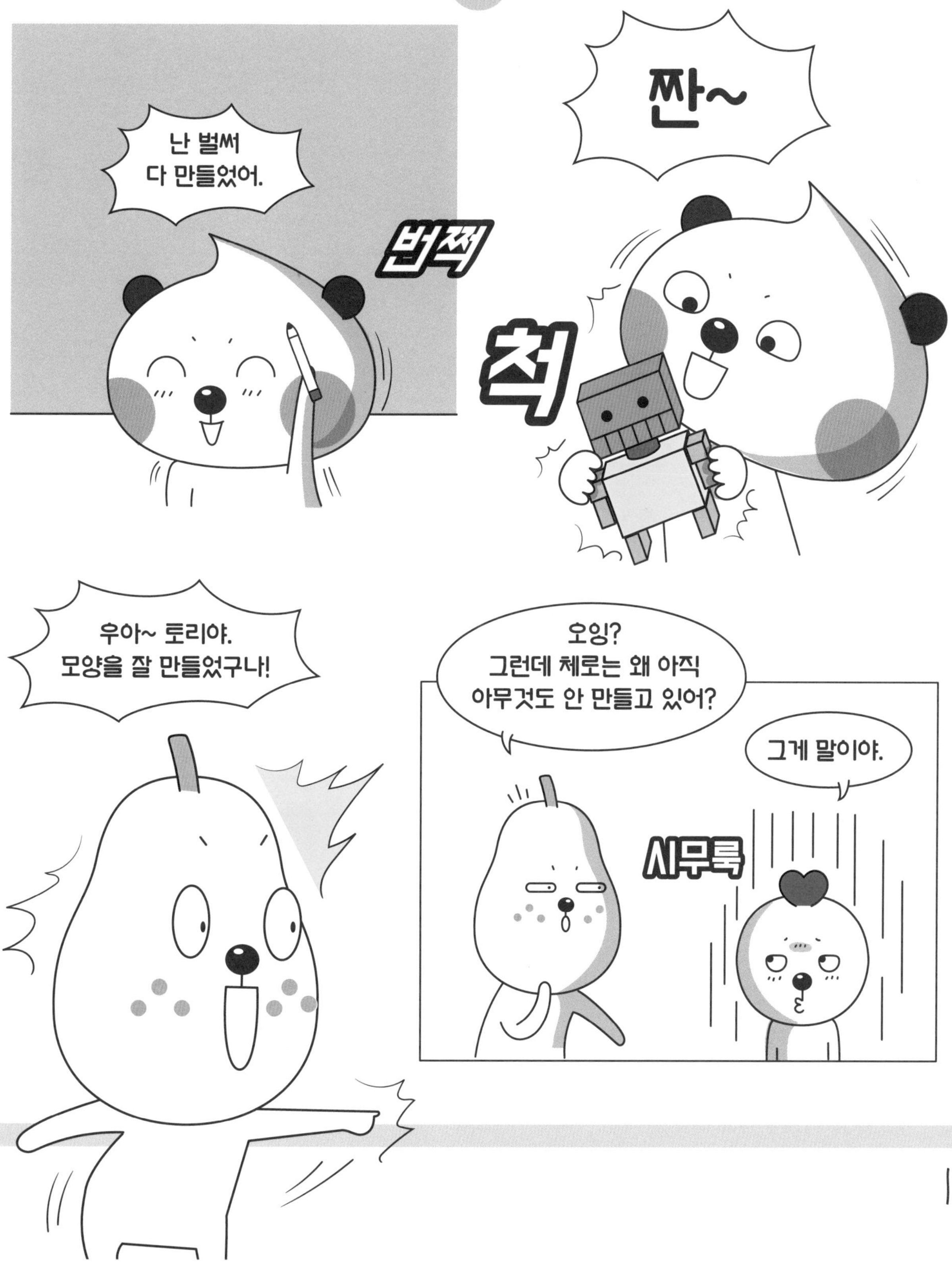

난 벌써
다 만들었어.
번쩍
짠~
척
우아~ 토리야.
모양을 잘 만들었구나!
오잉?
그런데 체로는 왜 아직
아무것도 안 만들고 있어?
그게 말이야.
시무룩

난 원 모양으로
눈사람을 만들고 싶은데
만들기가 어려워.
자꾸 떨어져서
세우기가 어려워.
툭
데굴
데굴
히히~
원 모양은 둥글기 때문에
두 개를 쌓는 건 어려워.
그렇구나~
다른 걸 한번
만들어 봐!
흐잉~
난 눈사람을
만들고 싶은데…
내가 원 모양으로
눈사람을 만들었어.
벌떡

엥? 뭐라고?
내가 원 모양으로 눈사람을 만들었다고~
그건 불가능해!
척
원 모양 2개를 어떻게 세울…
오잉?
뜨헉! 눈사람이다!
깜짝
이름하여 누워 있는 눈사람~
짜잔~
천잰데…

모양, 모양, 모양으로 만들기

▸ (상자) 모양, (둥근기둥) 모양, (공) 모양의 물건을 이용해서 여러 가지 모양을 만들 수 있습니다.

로봇 모양을 만들어 볼까요?

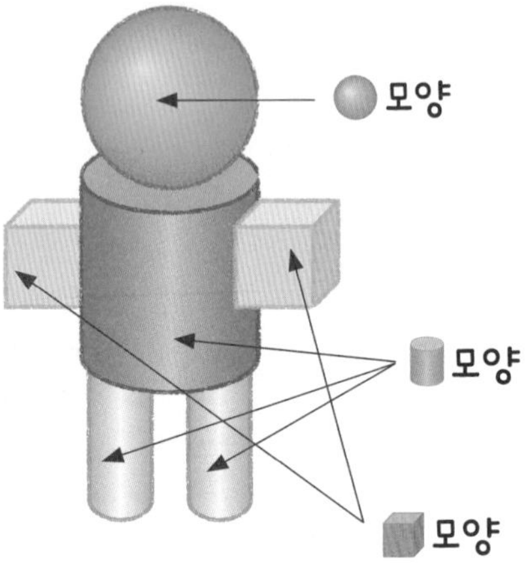
모양
모양
모양

사용한 모양의 수를 셀 때에는 빠뜨리거나 두 번 세지 않도록 /표 또는 ○표 하면서 세는 것이 좋아요.

모양: 1개
모양: 3개
모양: 2개

모양끼리는 쌓을 수 없어!

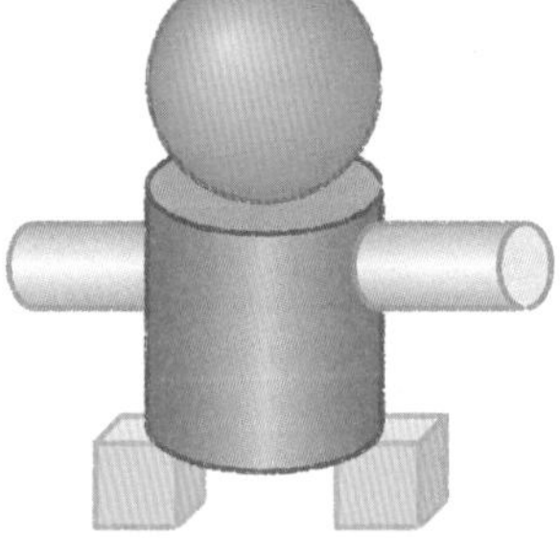

나는 이렇게 만들었어. 어때 내 로봇은 다리가 짧고 팔이 길지!

모양 1개, 모양 3개, 모양 2개로 다른 로봇 모양을 만들 수 있어요.

주어진 모양을 모두 사용해서 모양을 만들어 볼까요?

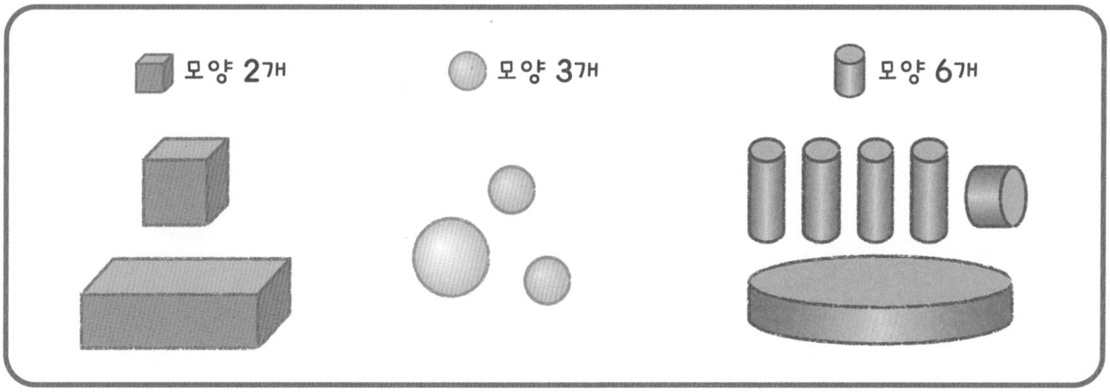
모양 2개
모양 3개
모양 6개

주어진 모양을 모두 사용하여 여러 가지 모양을 만들 수 있어요.

나는 낙타를 생각하며
만들어 봤어.

이번엔 멋진 성 모양의
탑을 생각하며
만들었어!

04 네모 모양, 세모 모양, 동그라미 모양 찾기

우아~ 여기가 국립 미술관이구나!
얘들아, 빨리 와! 멋진 작품들이 엄청 많아.
멋진 그림들이 액자에 걸려 있는 것 좀 봐.
우아~ 정말이네.

● 무엇을 배울까요? 여러 가지 물건에서 네모 모양, 세모 모양, 동그라미 모양을 찾아보게 합니다.
생활에서 네모 모양, 세모 모양, 동그라미 모양을 찾아 분류해 보게 합니다.

● 언제 배울까요? 초등학교 1학년 2학기 여러 가지 모양 단원에서 배워요.

전시회에 와서 그림들을 보니까 정말 좋다. 그렇지?
응!
두근
나도!
두근
할짝
정말 신기해! 이렇게 다 똑같은 네모 액자 안에 엄청나게 다양한 그림들이 있잖아.
콩닥
콩닥
그렇지, 참! 액자는 다 네모 모양이었네~
방긋

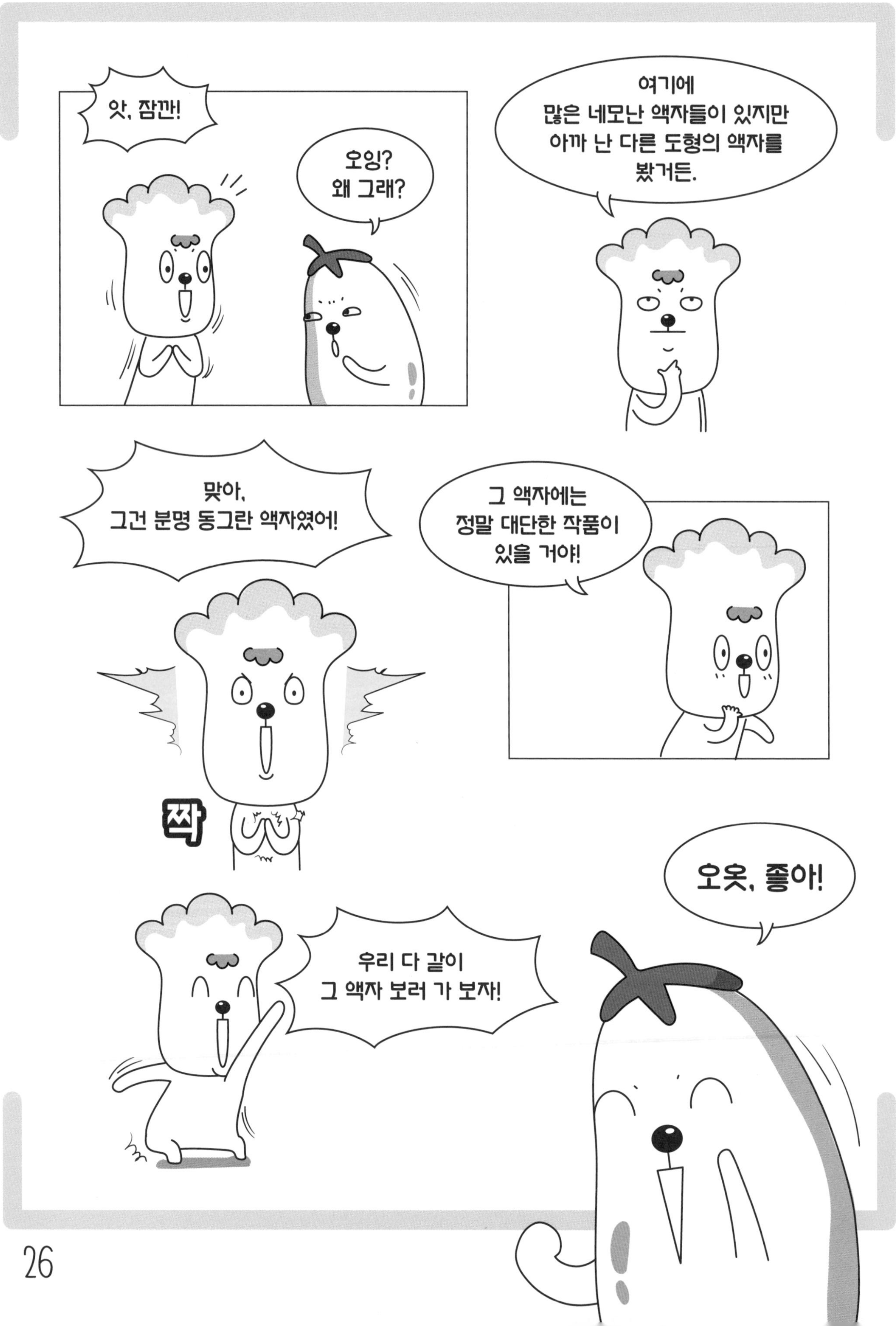
앗, 잠깐!
오잉? 왜 그래?
여기에 많은 네모난 액자들이 있지만 아까 난 다른 도형의 액자를 봤거든.
맞아, 그건 분명 동그란 액자였어!
짝
그 액자에는 정말 대단한 작품이 있을 거야!
우리 다 같이 그 액자 보러 가 보자!
오옷, 좋아!

저기 보이지?
척
우아~
저건 액자가
원 모양이야.
오옷,
진짜 있어.
가 보자!
후다닥
우아, 이건!
활짝
액자가 아니라
그냥 거울이잖아.
하하.
거울 속에 비친 체로 얼굴이
바로 작품이야~
휙

■모양, ▲모양, ●모양 찾기

▶ 우리 주변의 물건에서 ■ (네모) 모양, ▲ (세모) 모양, ● (동그라미) 모양을 찾을 수 있습니다.

비슷한 모양끼리 모아 볼까요?

액자, 딱지, 동화책, 공책은 네모 모양이에요.

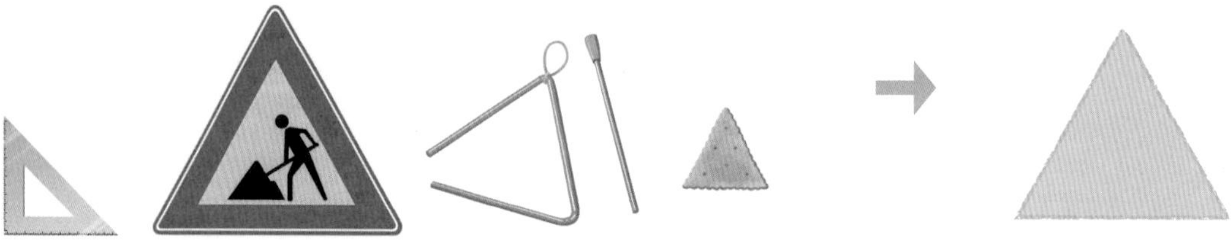

삼각자, 표지판, 트라이앵글, 쿠키는 세모 모양이에요.

피자, 접시, 시계, 심벌즈는 동그라미 모양이에요.

■ 모양에는 어떤 것들이 있을까요?

네모 모양을 찾으면 달력, 계산기, 체중계가 있어요.

▲ 모양에는 어떤 것들이 있을까요?

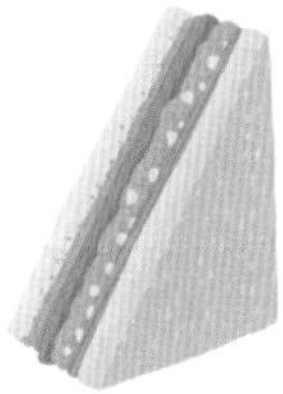

세모 모양을 찾으면 옷걸이, 깃발 장식, 샌드위치가 있어요.

● 모양에는 어떤 것들이 있을까요?

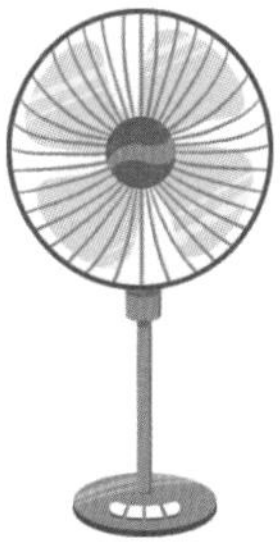

동그라미 모양을 찾으면 자전거 바퀴, 호떡, 선풍기, 맨홀뚜껑이 있어요.

05 네모 모양, 세모 모양, 동그라미 모양 알기

휴~ 공 차고 왔더니 너무 힘들어.
터덜
터덜
터덜
나도야! 난 지금 너무 배고파!
꼬르륵
꼬르륵
아, 엄마가 아침에 음식을 만들고 계셨어.
휙
부엌에 가면 분명 먹을 게 있을 거야!

- 무엇을 배울까요? 네모 모양, 세모 모양, 동그라미 모양이 있는 물건을 알아보게 합니다. 설명을 듣고 네모 모양, 세모 모양, 동그라미 모양을 알 수 있게 합니다.
- 언제 배울까요? 초등학교 1학년 2학기 여러 가지 모양 단원에서 배워요.

얼른 가 보자!
후다닥
응.
후다닥
앗! 토리야, 저기 식탁 위를 봐.
척
식탁에 음식을 노란 천으로 덮어 놨어.
앗! 음식의 한 부분이 나와 있어.
척

정말이네.
동그랗고 하얀 부분이
튀어나와 있어.
우리
저 동그란 부분만 보고 뭔지
맞춰 볼래?
방긋
좋아,
나부터 맞춰 볼게.
저건 아마도
동그란 달걀일 거야.
척
앗, 그렇구나! 달걀도
둥글고 하얗지.
음,
난 말이야.
곰곰
곰곰

아마도
찐만두일 것 같아.
척
우아!
그것도 맛있겠다.
할짝
자~ 그럼
이게 뭔지 볼까?
응. 확인하고
얼른 먹자!
이건 바로!
뜨헉!
휙
양파잖아!
끙.
우리가 저번에
깐 양파야.
배고파도
이건 못 먹겠어.

■ 모양, ▲ 모양, ● 모양 알기

▶ ■ (네모) 모양, ▲ (세모) 모양, ● (동그라미) 모양의 특징을 알면 모양의 일부분만 보고 어떤 모양인지 알 수 있습니다.

■ 모양은 어떤 특징이 있을까요?

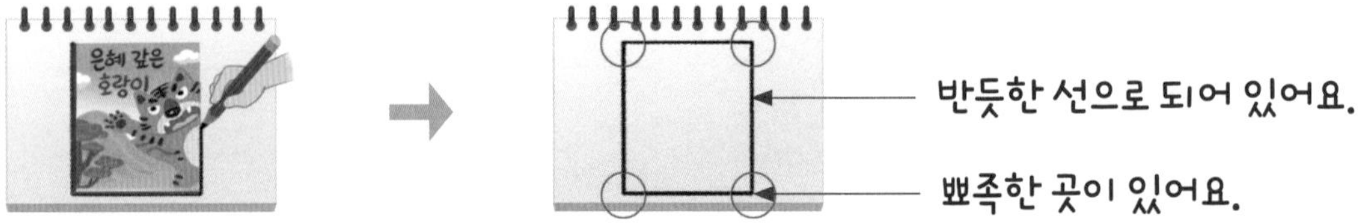

은혜 갚은 호랑이
반듯한 선으로 되어 있어요.
뾰족한 곳이 있어요.

반듯한 선으로 되어 있어요.
뾰족한 곳이 4군데 있어요.

■ 모양과 모양은 뾰족한 곳이 있어.

▲ 모양은 어떤 특징이 있을까요?

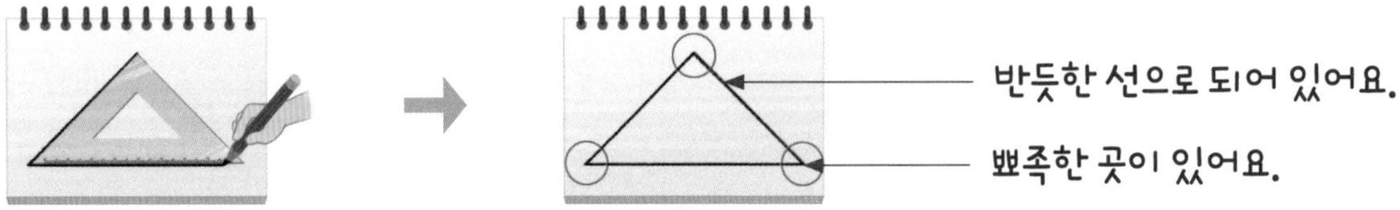

반듯한 선으로 되어 있어요.
뾰족한 곳이 있어요.

반듯한 선으로 되어 있어요.
뾰족한 곳이 3군데 있어요.

도장 찍기 놀이로 ■ 모양, ▲ 모양, ● 모양을 만들어 봐요.

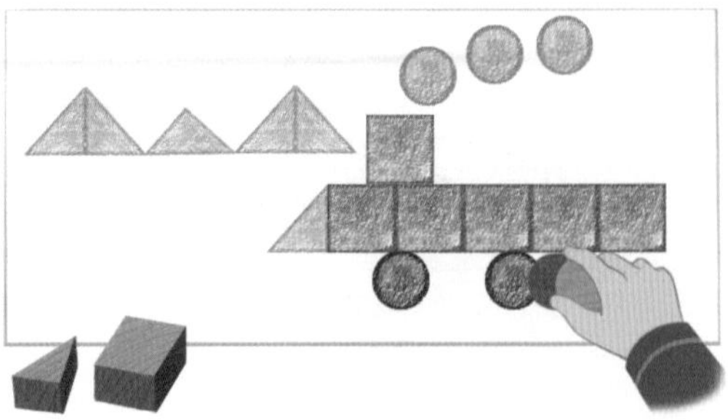

● 모양은 어떤 특징이 있을까요?

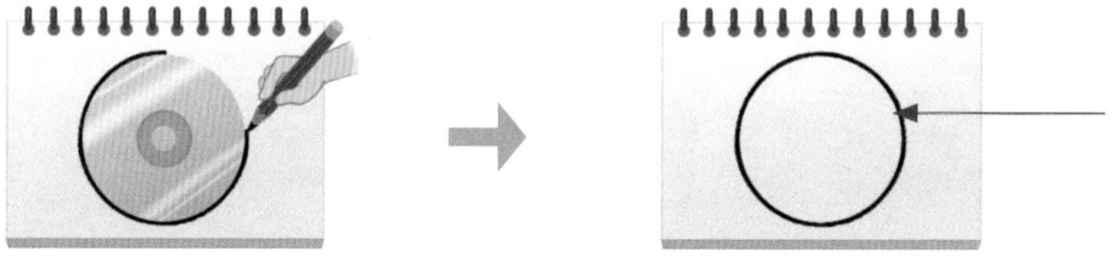
뾰족한 곳이 없어요.

꺾이는 부분이 없어요.
뾰족한 곳이 없어요.

뾰족한 곳이 없는 모양은
● 모양 뿐이지!

모양의 일부분만 보고 어떤 모양인지 알아맞혀 볼까요?

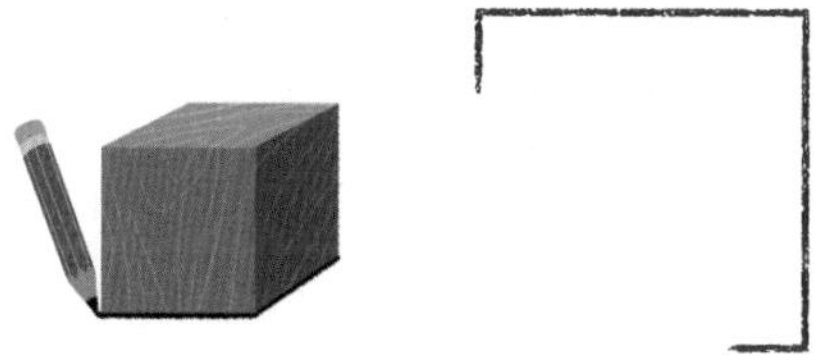

반듯한 선이 연결되고 있어요.
모두 연결하면 뾰족한 곳이 4군데가 생기는 ■ 모양이에요.

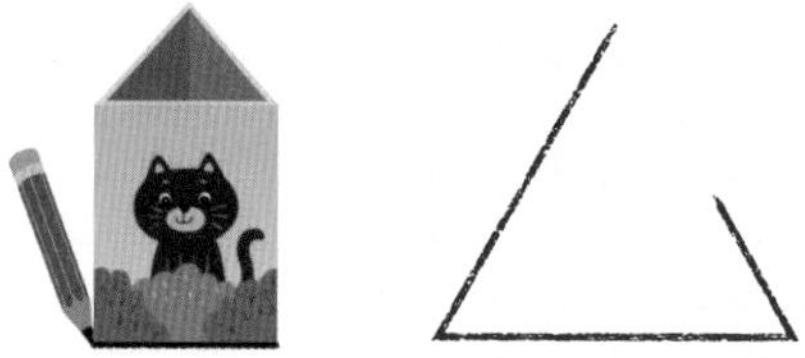

반듯한 선이 연결되고 있어요.
모두 연결하면 뾰족한 곳이 3군데가 생기는 ▲ 모양이에요.

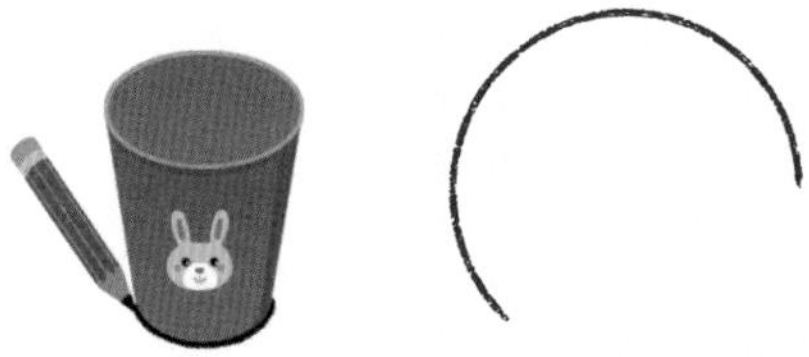

꺾이는 부분이 없이 연결되고 있어요.
뾰족한 곳이 없는 ● 모양이에요.

06 네모 모양, 세모 모양, 동그라미 모양으로 꾸미기

앗! 쵸배야. 그게 뭐야?
가징아~ 스케치북에 종이를 오려서 붙이고 있어.
종이를 오려서 붙인다고?
깜짝
응. 붓으로 그림을 그리는 것과는 다른 느낌이 나거든.

- 무엇을 배울까요? 네모 모양, 세모 모양, 동그라미 모양을 이용하여 여러 가지 모양을 꾸며 보게 합니다.
- 언제 배울까요? 초등학교 1학년 2학기 여러 가지 모양 단원에서 배워요.

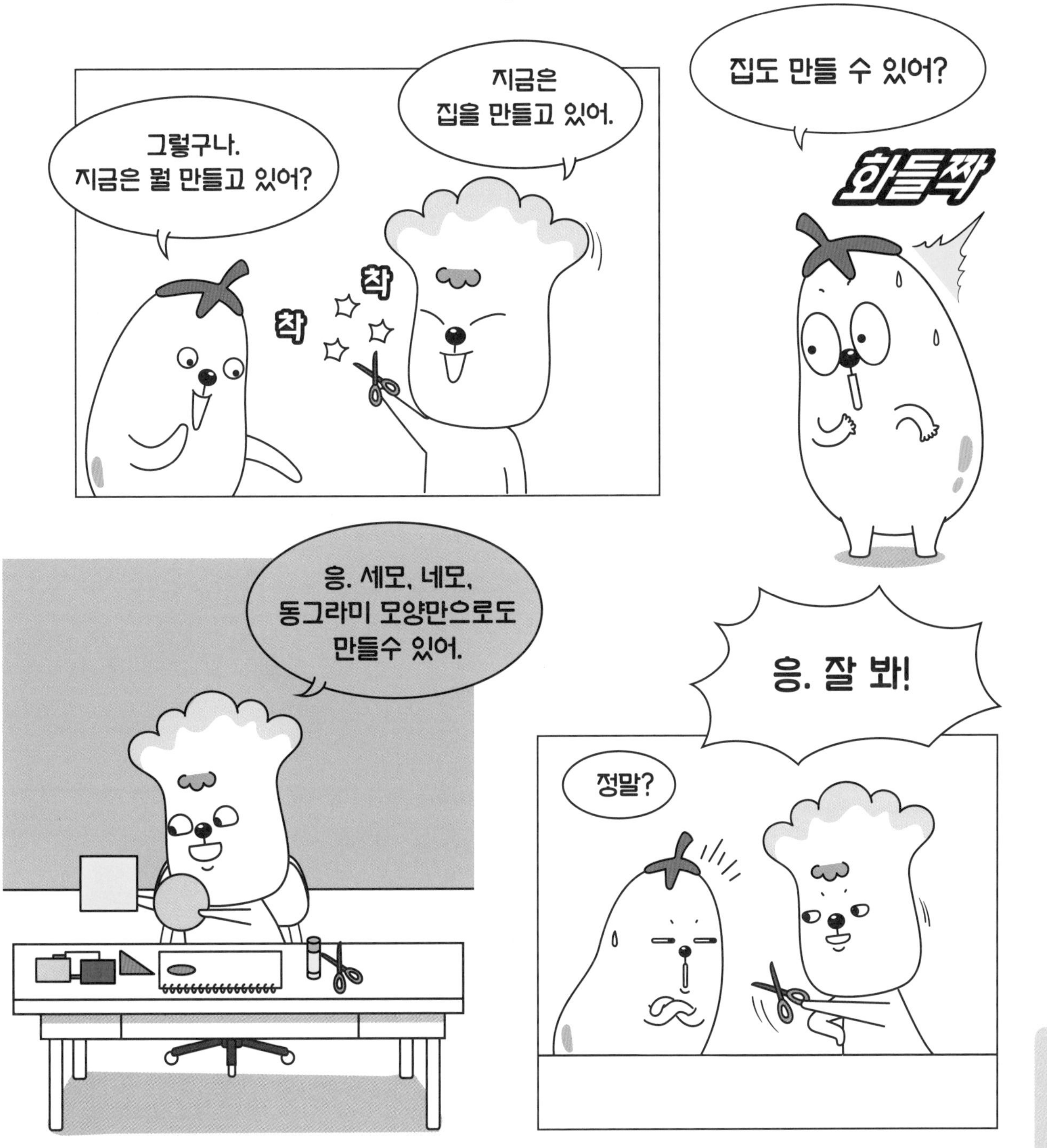

그렇구나.
지금은 뭘 만들고 있어?
착
착
지금은
집을 만들고 있어.
집도 만들 수 있어?
화들짝
응. 세모, 네모,
동그라미 모양만으로도
만들수 있어.
정말?
응. 잘 봐!

세모 모양으로
지붕을,
네모 모양으로
벽과 굴뚝을,
동그라미 모양으로
창문을.
그리고
나머지 부분을
살짝 그려 주면~
쓱싹
쓱싹
짜~잔
척
우아~ 정말이네!
세모, 네모, 동그라미 모양으로
집이 뚝딱 만들어졌어.

음, 잠깐!
난 네모 모양만 이용해서 집을 만들 수 있어!
말도 안 돼!
만들어 볼게!
뚝딱
뚝딱
뚝딱
다 만들었다!
우리 동네 아파트야.
우아, 대단해!

■ 모양, ▲ 모양, ● 모양으로 꾸미기

▶ ■ (네모) 모양, ▲ (세모) 모양, ● (동그라미) 모양을 이용해서 여러 가지 모양을 만들 수 있습니다.

한 가지 모양만을 사용해서 모양을 만들어 볼까요?

네모 모양만을 사용하여 집 모양을 꾸몄어요.

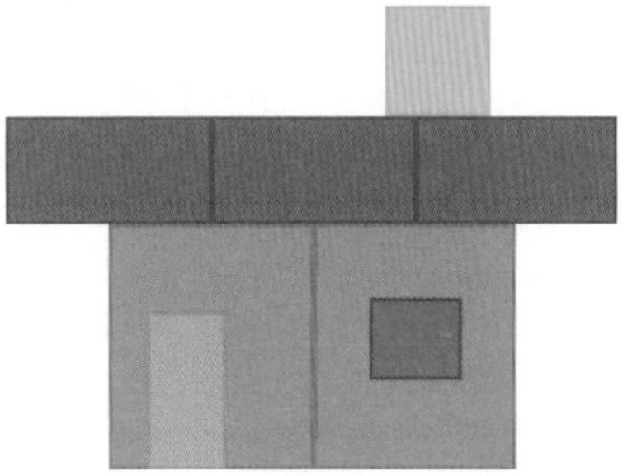

■ 모양: 8개

각 모양의 특징을
살릴 수 있는 모양을
생각해 봐~

세모 모양만을 사용하여
나무 모양을 꾸몄어요.

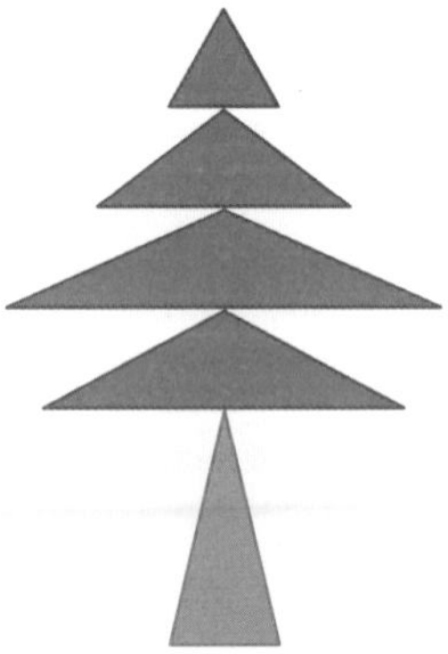

▲ 모양: 5개

동그라미 모양만을 사용하여
돼지 얼굴 모양을 꾸몄어요.

● 모양: 9개

세 가지 모양을 모두 사용해서 모양을 만들어 볼까요?

크기나 색깔은 생각하지
않고 같은 모양을 찾아봐!

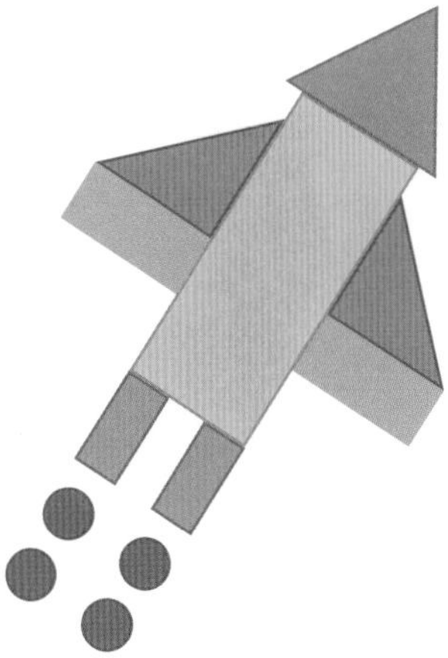

우주선 모양을 꾸몄어요.

■ 모양: 5개
▲ 모양: 3개
● 모양: 4개

강아지 모양을 꾸몄어요.

■ 모양: 2개
▲ 모양: 9개
● 모양: 3개

배 모양을 꾸몄어요.

■ 모양: 4개
▲ 모양: 3개
● 모양: 2개

07 규칙을 만들어 무늬 꾸미기

토리야.
우리 얼음 띄운 시원한
사이다 한 잔 할래?
오옷, 좋아!
기다려.
내가 얼음을 꺼낼게.
뒤적
뒤적
여기
가져 왔어.
우아~

● 무엇을 배울까요? 생활 속에서 볼 수 있는 규칙을 찾아 말해 보게 합니다.
규칙에 따라 색칠하게 합니다.

● 언제 배울까요? 초등학교 1학년 2학기 여러 가지 모양 단원에서 배워요.

너희 집 얼음통은 모양이 다양해.
신기
신기
응, 여기다 얼음을 얼리면 이 모양대로 얼어!
어떤 모양들이 있는지 보자.
처음엔 육각형 모양, 두 번째는 별 모양이야.

응, 그리고 세 번째는 원 모양이야.
척
이 세 가지 모양이 반복되는구나.
휙
우아~ 재미있어.
이렇게 얼음 모양이 다양하면 얼음 먹는 재미도 두 배야.
자~ 컵에 얼음은 담았고,
이제 사이다만 부으면 돼.
번쩍

내가 가져 올게.
쌔앵
뒤적
뒤적
엥? 사이다는 왜 안 가져 와?
긁적
긁적
히히~ 사이다는 말이야,
어제 내가 다 마신 걸 깜빡했어.
우리 시원한 얼음물 마시자. 히히~
그래. 물이 몸에 제일 좋긴 하대.
끄응...

규칙을 만들어 무늬 꾸미기

- ▶ 주변에서 반복되는 모양이나 색깔을 찾아볼 수 있습니다.
- ▶ 반복되는 규칙을 만들어 무늬를 꾸밀 수 있습니다.

반복되는 모양은 무엇일까요?

'반복'은 '되풀이된다'는 뜻이야.

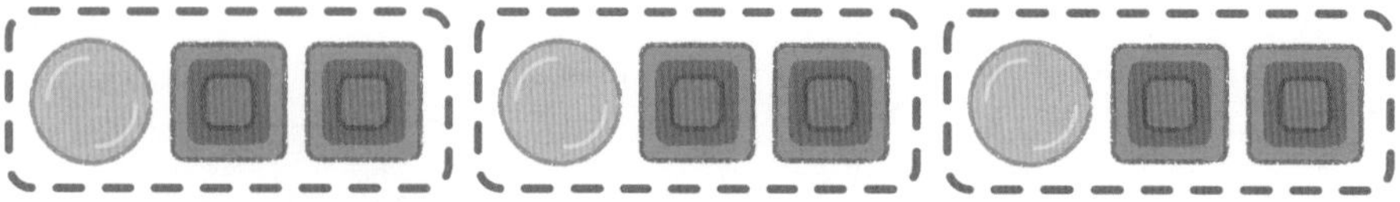

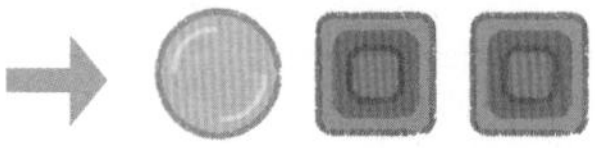 가 반복되는 규칙이에요.

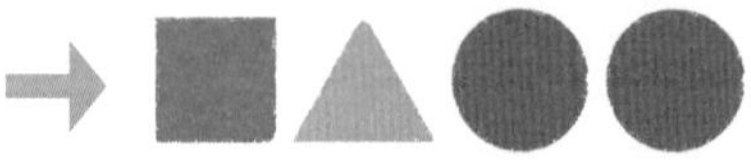 가 반복되는 규칙이에요.

반복되는 색깔은 무엇일까요?

규칙

첫째 줄, 셋째 줄은 빨간색-파란색이 반복되는 규칙이에요.
둘째 줄은 파란색-빨간색이 반복되는 규칙이에요.

규칙을 정하고 무늬를 꾸며 볼까요?

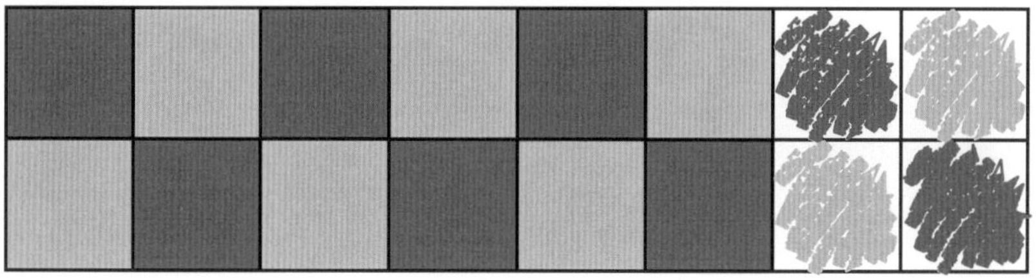

규칙

첫째 줄은 빨간색-노란색이 반복되고,
둘째 줄은 노란색-빨간색이 반복돼요.

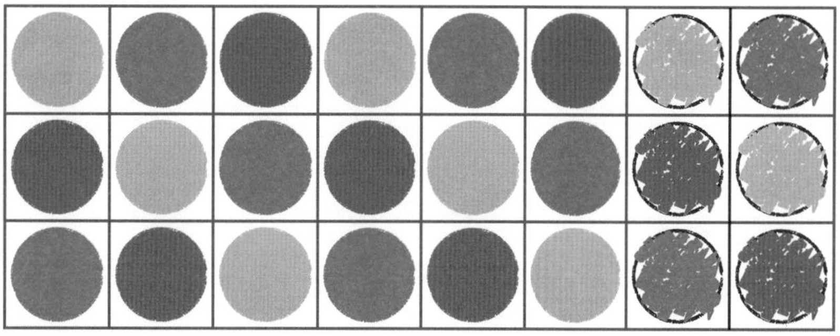

처음에 나온 색깔이 다시 나오기 시작하는 부분을 찾아봐!

규칙

첫째 줄은 노란색-초록색-빨간색이 반복되고,
둘째 줄은 빨간색-노란색-초록색이 반복되고,
셋째 줄은 초록색-빨간색-노란색이 반복돼요.

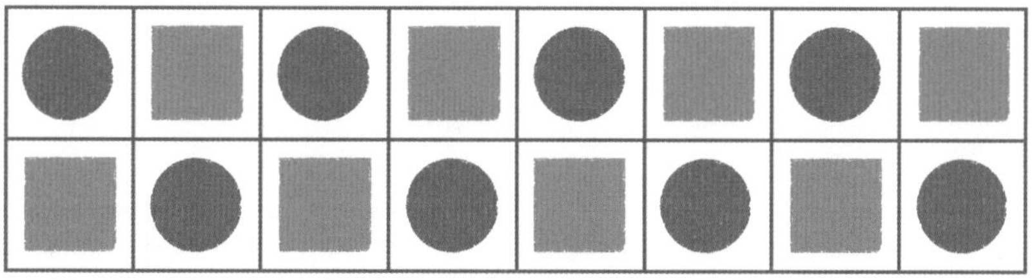

규칙

첫째 줄은 동그라미 모양- 네모 모양이 반복되고
둘째 줄은 네모 모양-동그라미 모양이 반복돼요.

01 길이 비교하기

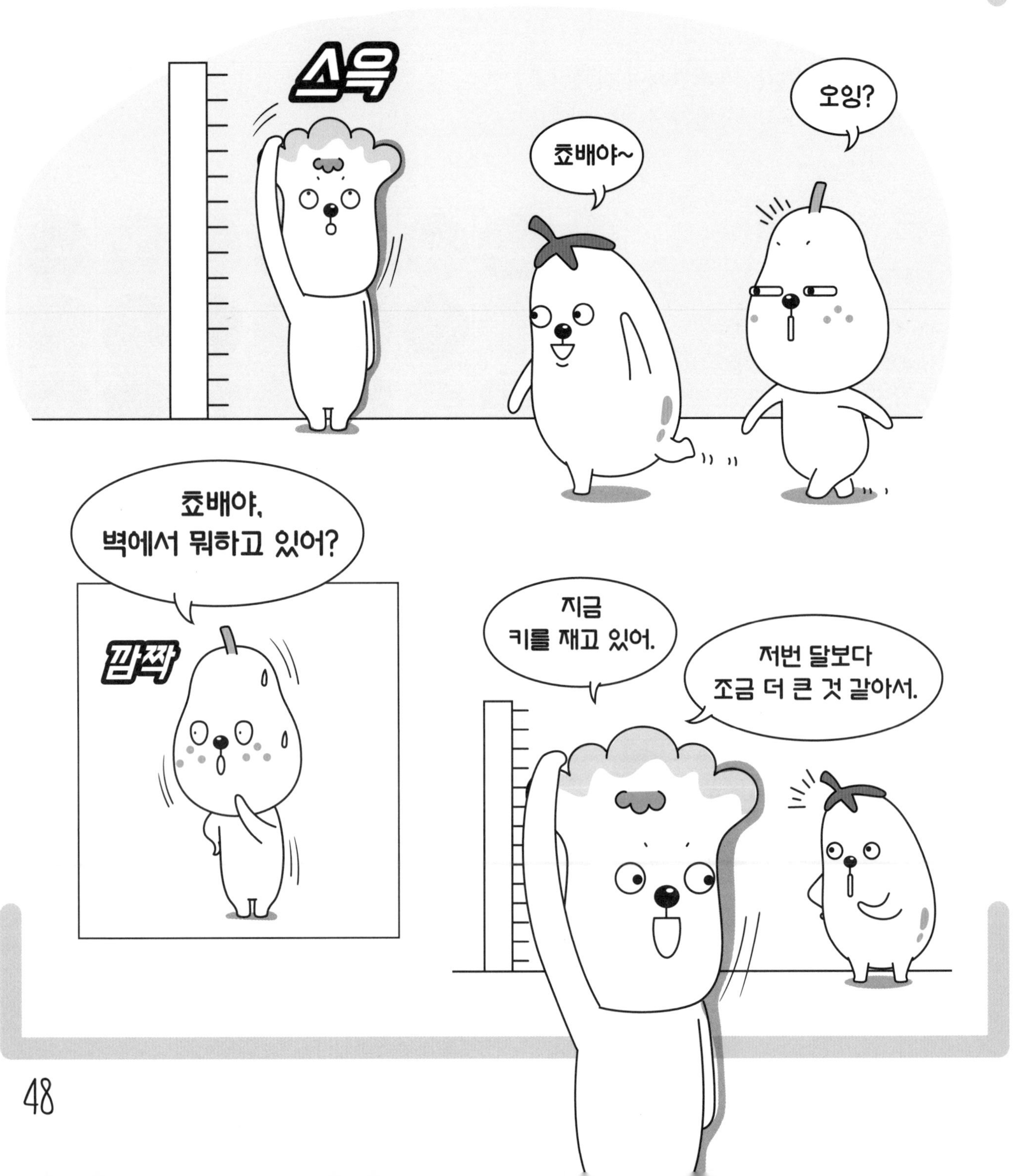
스윽
쵸배야~
오잉?
쵸배야,
벽에서 뭐하고 있어?
깜짝
지금
키를 재고 있어.
저번 달보다
조금 더 큰 것 같아서.

- 무엇을 배울까요? 실생활에서 비교하기의 의미와 필요성을 인식할 수 있도록 합니다.
  길이를 비교한 결과를 '길다', '짧다'를 사용하여 표현하게 합니다.
- 언제 배울까요? 초등학교 1학년 1학기 비교하기 단원에서 배워요.

우아! 우리 중에 쵸배가 키가 제일 큰데 여기서 더 컸다고?
히히~ 응.
싱글
싱글
그럼 배찌랑 가징이, 너희 둘 중에는 누가 더 키가 커?
그러고 보니 같이 키를 재 본 적이 없네.
좋아! 이번에 누가 더 큰지 한 번 재 보자!
짝

자,
그럼 둘 다 등 뒤로
돌아서.
오옷,
배찌가 더 커!
하하~
아직까지는
내가 더 높아!
척
배찌야,
키를 잴 때는 높다고
하지 말고 크다고
말해야지.
아차!
배웠는데
또 깜빡했네.
나도 얼른
더 자라서 너희들 만큼
키가 클 거야.
휙
좋아!
그럼 한 달 뒤에
누가 더 큰지
다시 재어 보자.
번쩍
응~

너희들 이제
키 얘기는 그만해!
후다다닥
엥?
갑자기
왜 그래?
저기 보라고…
척
키 얘기하지
말라고.
아! 우리 학교에서
제일 작은 체로야,
미안~
히히~
너도 언젠가 쑥쑥 클 거야.
걱정하지 마. 히히~
흐극
흐극

길이 비교하기

- 사물의 길이를 비교해서 어느 것이 더 긴지, 짧은지 나타낼 수 있습니다.
- 두 사물의 길이를 비교할 때는 '더 길다', '더 짧다'로 나타내고 여러 사물의 길이를 비교할 때는 '가장 길다', '가장 짧다'로 나타냅니다.

필통 속에 있는 물건의 길이를 비교해 볼까요?

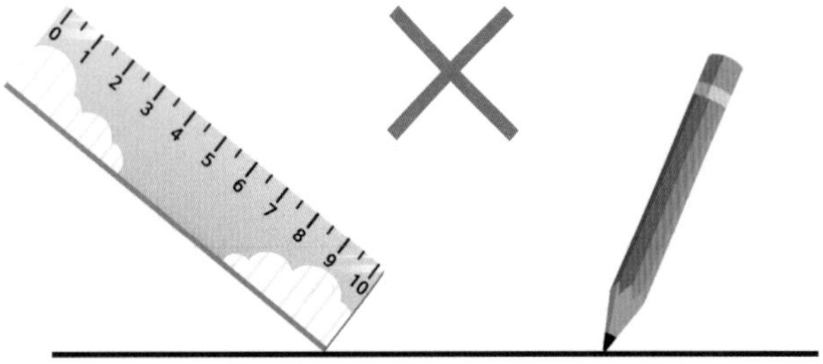

두 물건의 길이를 정확하게 비교하려면 한쪽 끝을 맞추고 같은 방향으로 곧게 놓아 비교해요.

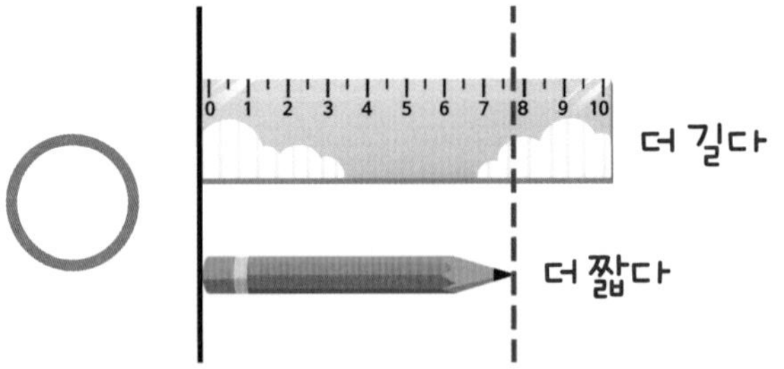

자는 연필보다 더 깁니다.
연필은 자보다 더 짧습니다.

한쪽 끝을 맞추었을 때 다른 쪽 끝으로 더 많이 나온 것이 더 길어요.

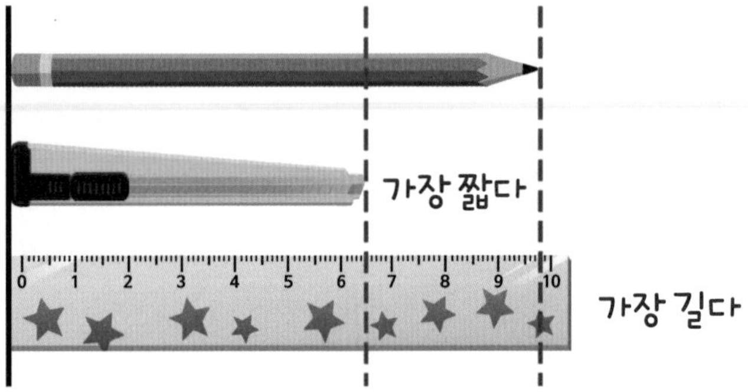

자가 가장 깁니다.
칼이 가장 짧습니다.

높이를 비교해 볼까요?

아래쪽을 맞추었을 때
위쪽으로 더 많이
올라갈수록 더 높아!

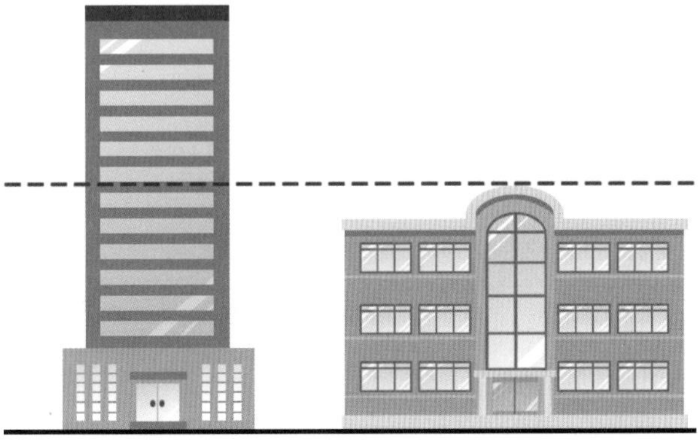

더 높다 더 낮다

빌딩은 학교보다 더 높습니다.
학교는 빌딩보다 더 낮습니다.

둘보다 많은 물건의 높이를 비교할 때는 '가장 높다', '가장 낮다'로 나타내요.

키를 비교해 볼까요?

아래쪽을 맞추었을 때
위쪽으로 더 많이
올라갈수록 더 커!

우진
혜지

더 크다 더 작다

우진이는 혜지보다 더 큽니다.
혜지는 우진이보다 더 작습니다.

둘보다 많은 사람의 키를 비교할 때는 '가장 크다', '가장 작다'로 나타내요.

02 무게 비교하기

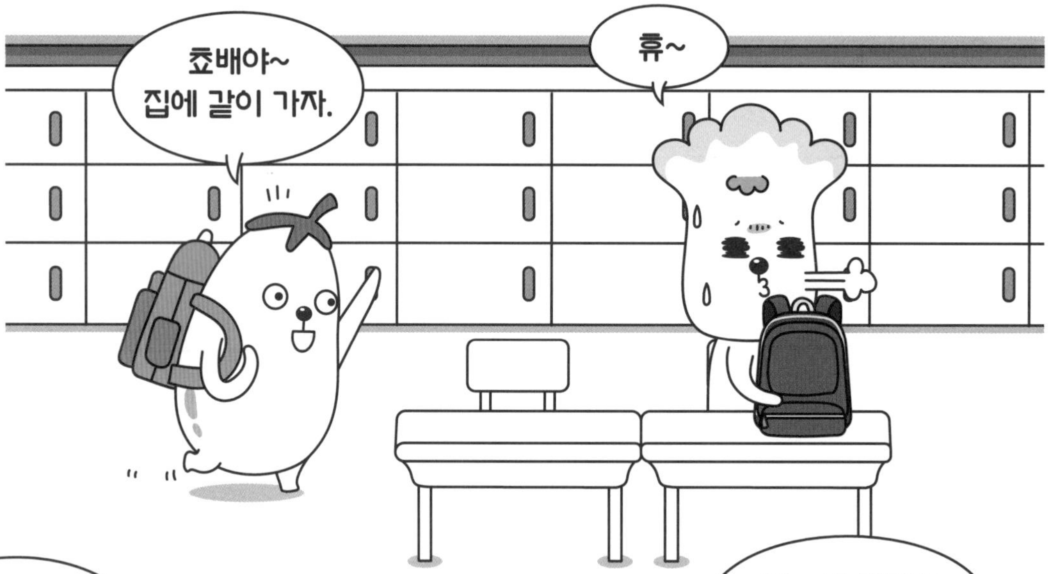
쵸배야~
집에 같이 가자.
휴~

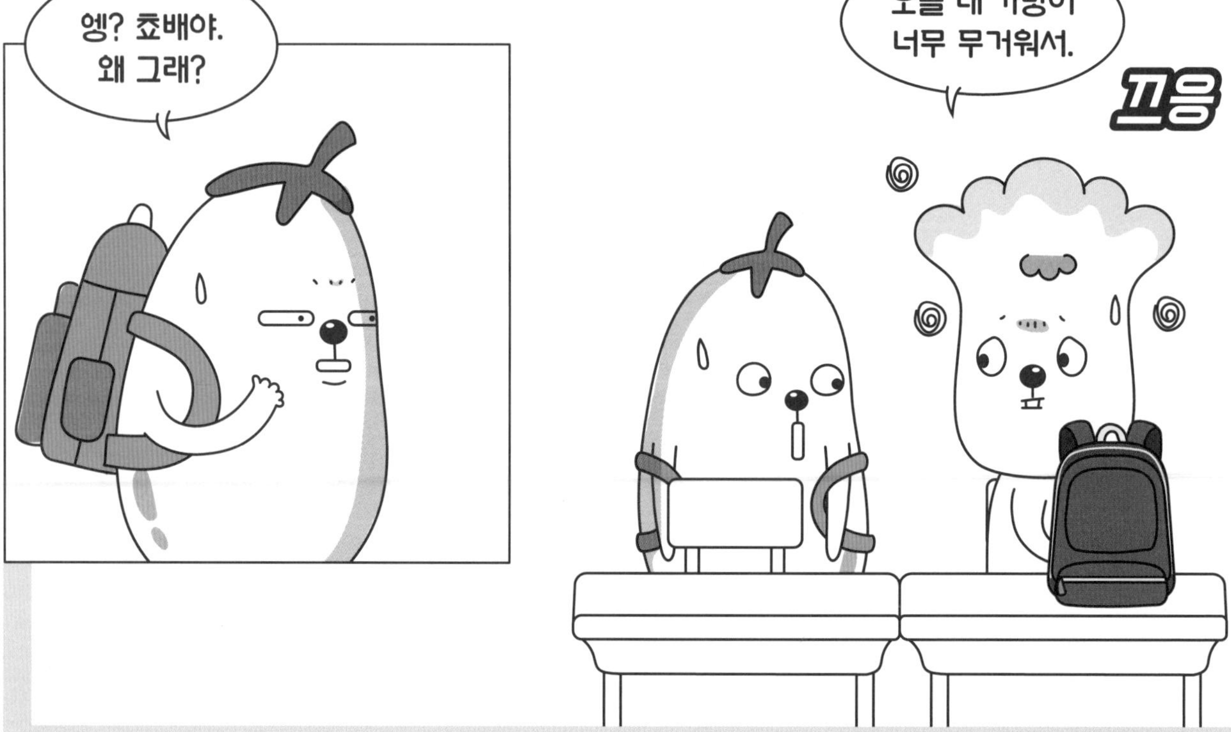
엥? 쵸배야.
왜 그래?
오늘 내 가방이
너무 무거워서.
끄응

- 무엇을 배울까요? 실생활에서 비교하기의 의미와 필요성을 인식할 수 있도록 합니다.
무게를 비교한 결과를 '무겁다', '가볍다'를 사용하여 표현하게 합니다.
- 언제 배울까요? 초등학교 1학년 1학기 비교하기 단원에서 배워요.

책도 많고
챙겨 온 준비물도
많았거든.
시무룩
헉! 그렇구나.
이 가방인가 보네.
한 번 들어 볼게.
내 가방이랑 비교해 봐야지.
자~ 여기.
툭
척
흠, 뭐야?
내 가방보다 훨씬 가볍잖아.

킥킥~ 그렇다면
좋은 수가 생각났군.
죠배야!
네 가방이 무거우니까
우리 가방을 바꿔 들자.
정말?
역시 가징이야!
무거운 걸 대신
들어 주려는 거구나!
킥킥~
순진하기는.
자~ 여기
내 가방이야.
이게
네 가방이지?
응!
척

자, 이제
어서 집에 가자!
가징아. 잠깐만.
내 가방은 그게 다가
아니야.
엥?
다가 아니라니?
여기 봐.
난 오늘 가방이 두 개야.
히히. 이것까지 들어 줘야지.
멈칫
툭
툭
뜨헉!
끄응.
내 꾀에 내가
넘어갔네.
흑흑

무게 비교하기

▸ 사물의 무게를 비교해서 어느 것이 더 무거운지, 가벼운지 나타낼 수 있습니다.

▸ 두 사물의 무게를 비교할 때는 '더 무겁다', '더 가볍다'로 나타내고 여러 사물의 무게를 비교할 때는 '가장 무겁다', '가장 가볍다'로 나타냅니다.

책의 무게를 비교해 볼까요?

힘이 센 사람이어도
한 권을 들었을 때와 여러 권을
들었을 때는 느낌이 다르지?

손으로 물건을 들어 보면 힘이 더 들고, 덜 드는 것을 느낄 수 있어요.
그림처럼 한 권을 들었을 때는 덜 힘들고, 여러 권을 들면 힘이 더 드는 것을 알 수 있어요.

더 가볍다
더 무겁다

공책은 책보다 더 가볍습니다.
책은 공책보다 더 무겁습니다.

손으로 들어 보았을 때 힘이 더 드는 것이 더 무거워요.

시소에 탄 그림을 보고 무게를 비교해 볼까요?

시소를 탔을 때 무거운 쪽이 내려가고 가벼운 쪽이 올라가요.

코끼리는 고양이보다 더 무겁습니다.
고양이는 코끼리보다 더 가볍습니다.

하윤이는 지호보다 더 가벼워요.

지호는 우성이보다 더 가벼워요.

우성이가 가장 무겁습니다.
하윤이가 가장 가볍습니다.

03 넓이 비교하기

여기 개울은 진짜 넓어.
맞아, 맞아.
들썩
들썩
그래서 여기에 다양한 물고기가 살고 있대.
우아, 그렇구나!
하지만 하천보다 더 넓은 게 있지.
나도 알아! 그건 바로 강이지?

● 무엇을 배울까요? 실생활에서 비교하기의 의미와 필요성을 인식할 수 있도록 합니다.
넓이를 비교한 결과를 '넓다', '좁다'를 사용하여 표현하게 합니다.
● 언제 배울까요? 초등학교 1학년 1학기 비교하기 단원에서 배워요.

맞아.
강은 하천보다
훨씬 더 넓어.
그럼 강에는 하천보다
훨씬 더 많은 물고기가
살겠네?
짜악
짜악
맞았어.
히히~
그리고
만약 강이 없었다면 사람들도
농사를 짓고 문명을 발전
시킬 수 없었을 거야.

강보다도 더 넓은 것?
체로야, 그럼 강보다 더 넓은 게 뭔지 알아?
곰곰
아하! 그렇구나.
깜짝
그건 바로 바다야!
활짝
그렇지, 참! 바다!
바다는 정말 어마어마하게 넓어!
휙
맞아. 바다는 비교가 안 되지.
지구상에서 가장 큰 동물인 고래도 엄청 많이 살잖아.
활짝

맞아. 바다가 없었다면 지구에 생물은 아마 살 수 없었을 거야.
그만큼 넓기 때문에 이런 말도 있잖아.
어떤 말?
바다처럼 넓~~~은 마음으로 살아가라고 말이야.
엥? 그게 어떤 마음이지?
곰곰
곰곰
아! 알겠다.
척
물을 많이 마셔서 바다처럼 많은 물을 채우라는 거야!
끄응. 그게 아니라 항상 따뜻하고 너그러운 마음으로 살아가라는 뜻이야.
아하, 그렇구나. 히히~

넓이 비교하기

- 사물의 넓이를 비교해서 어느 것이 더 넓은지, 좁은지 나타낼 수 있습니다.
- 두 사물의 넓이를 비교할 때는 '더 넓다', '더 좁다'로 나타내고 여러 사물의 무게를 비교할 때는 '가장 넓다','가장 좁다'로 나타냅니다.

어느 피자가 더 넓을까요?

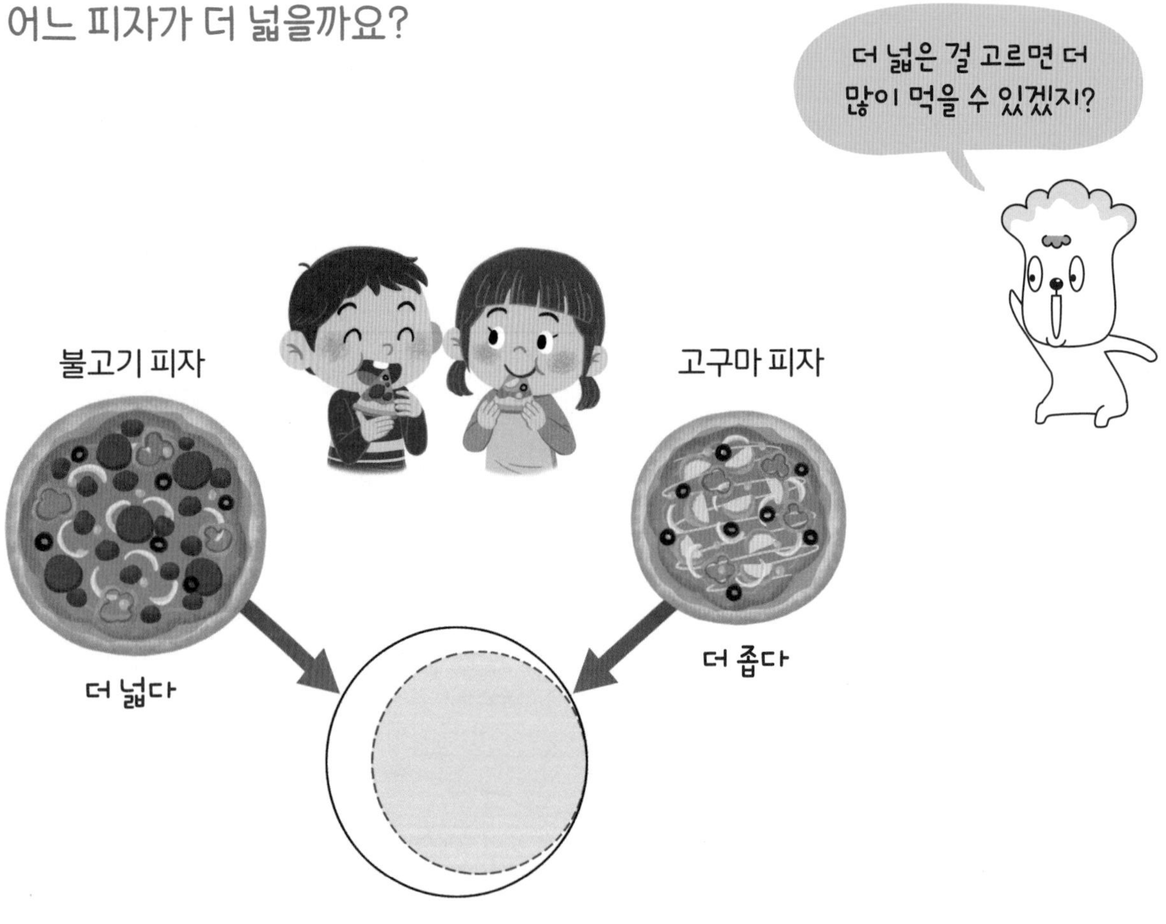

길이를 비교할 때 한쪽 끝을 맞추고 다른 쪽 끝을 비교한 것처럼
넓이를 비교할 때도 겹쳐 보았을 때 남는 부분이 있는 것이 더 넓어요.

불고기 피자가 고구마 피자보다 더 넓습니다.
고구마 피자가 불고기 피자보다 더 좁습니다.

스케치북과 책, 어느 것이 더 넓을까요?

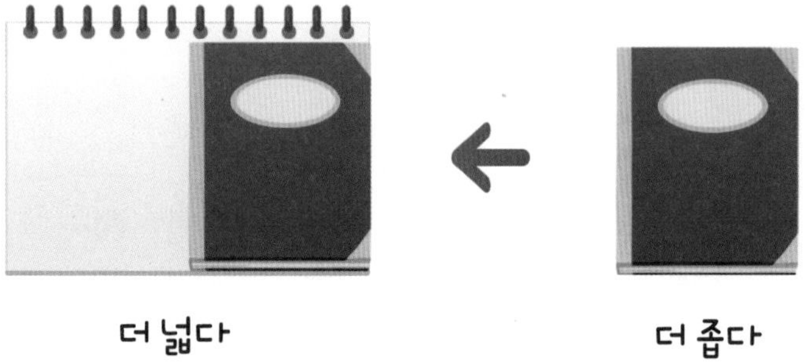

겹쳐 보았을 때 쏙 들어가는 쪽이 더 좁고,
남는 부분이 있는 쪽이 더 넓어요.

스케치북은 책보다 더 넓습니다.
책은 스케치북보다 더 좁습니다.

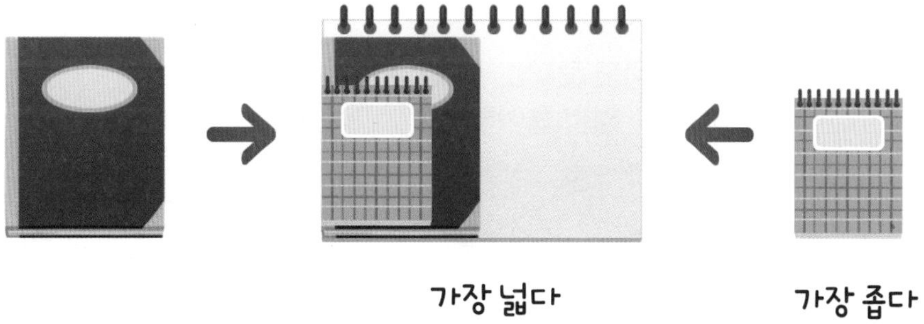

여러 물건의 넓이를 비교할 때도 겹쳐 보았을 때 가장 많이 남는 부분이 있는 물건의 넓이가 가장 넓어요.

스케치북이 가장 넓습니다.
수첩이 가장 좁습니다.

04 들이 비교하기

너희들 기다리고 있었구나.
응, 어서와!
자~ 어제 얘기한 대로 내가 직접 토마토를 갈아서 주스를 만들어 왔어.
우아~ 맛있겠다.
나도 토마토 주스 엄청 좋아해!
벌써 컵까지 준비했지롱~
나도!
탁
탁

● 무엇을 배울까요? 실생활에서 비교하기의 의미와 필요성을 인식할 수 있도록 합니다.
담을 수 있는 양을 '많다', '적다'를 사용하여 표현하게 합니다.

● 언제 배울까요? 초등학교 1학년 1학기 비교하기 단원에서 배워요.

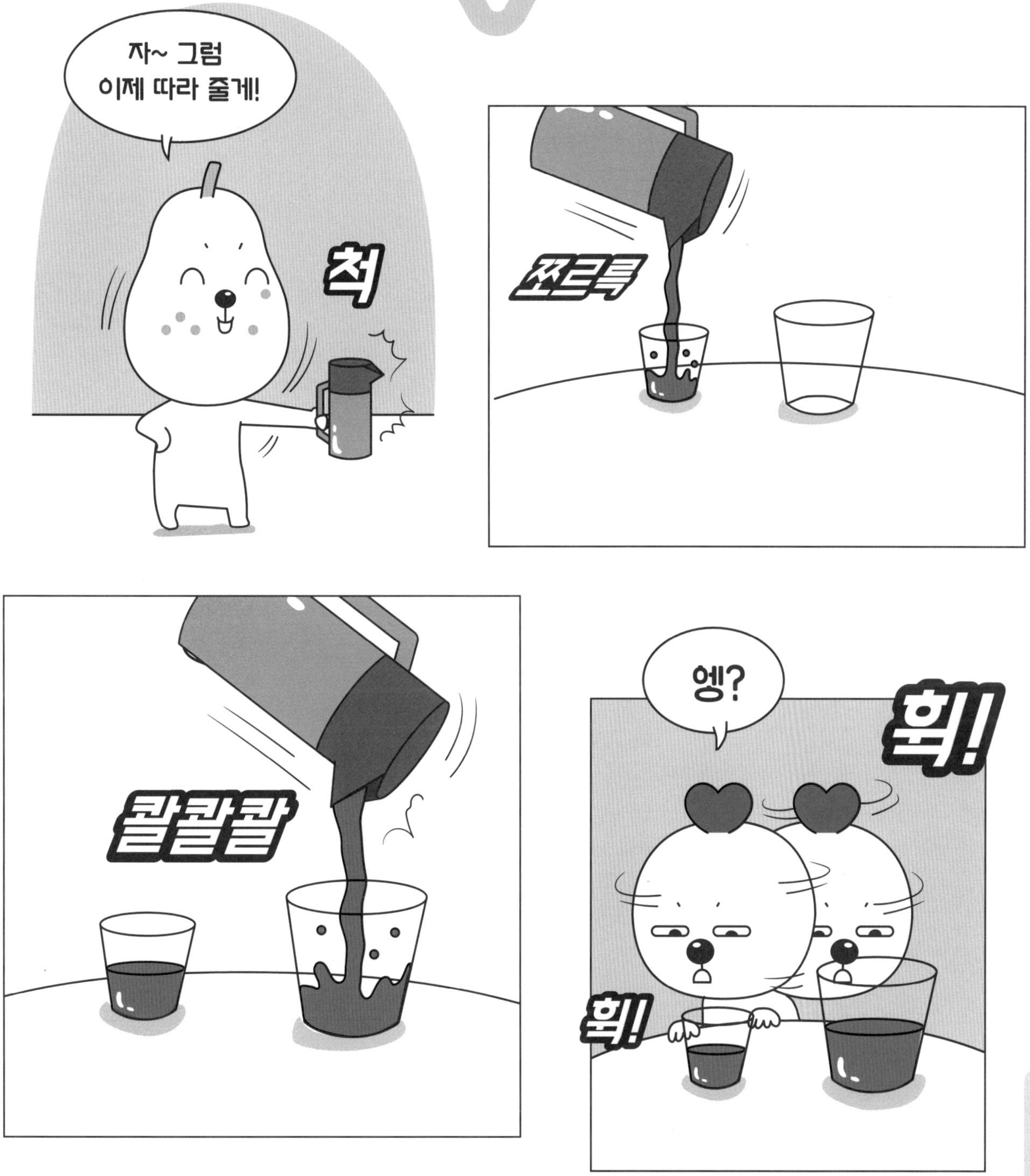
자~ 그럼
이제 따라 줄게!
척
쪼르륵
콸콸콸
엥?
휙!
휙!

뭐야! 컵의 크기가 달라서 내 음료의 양이 훨씬 적잖아.
후훗~ 너도 더 큰 컵을 준비하지 그랬어?
꼴깍
꼴깍
자~ 내일은 내가 딸기 주스를 갈아 올게.
내일도 둘 다 컵만 준비해.
토리! 내일 두고 보자!
다음 날
자~ 오늘은 딸기 주스야. 둘 다 컵 준비했지?
응. 여기 컵 준비했어.

휙!
히히~
휙!
어때?
너보다 훨씬 큰 컵이지?
아차!
내 컵 밑부분이 접혀 있는데
그걸 펴질 않았네.
짜잔~
뜨헉!
어서 따라 줘.
배찌야~
히히.
끄응.
또 졌네.

들이 비교하기

- 들이는 담을 수 있는 양을 말합니다.
- 담을 수 있는 두 양을 비교해서 들이가 '더 많다', '더 적다'로 나타내고 여러 양의 들이를 비교할 때는 '가장 많다','가장 적다'로 나타냅니다.

그릇에 담을 수 있는 물의 양을 비교해 볼까요?

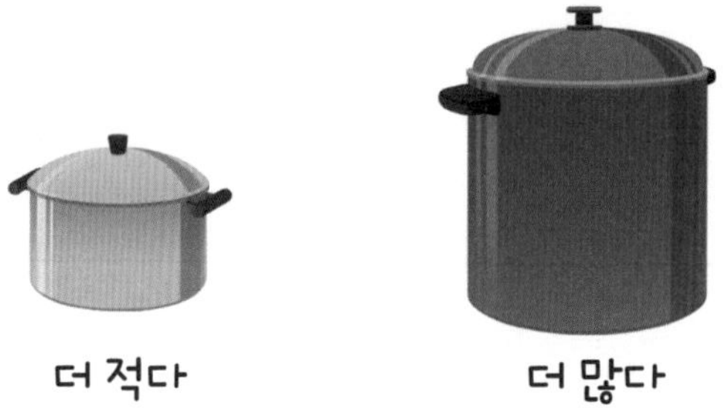

그릇의 크기가 클수록 더 많이 담을 수 있어요.

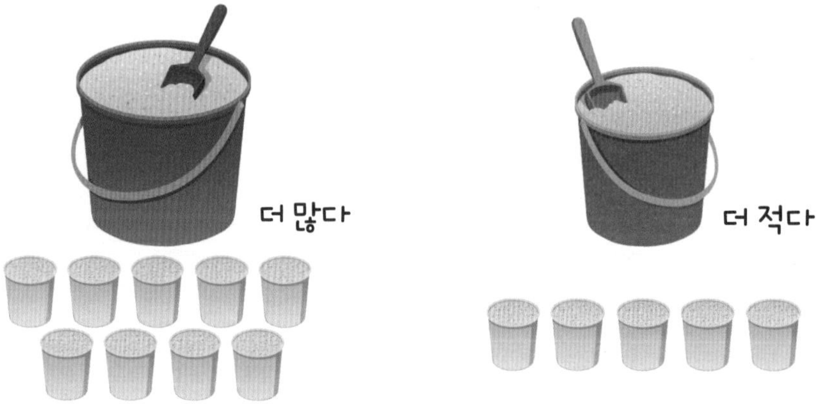

양동이의 크기를 비교할 때 같은 크기의 컵으로 모래를 담아서 비교할 수도 있어요.

빨간색 양동이는 파란색 양동이보다 담을 수 있는 양이 더 많습니다.
파란색 양동이는 빨간색 양동이보다 담을 수 있는 양이 더 적습니다.

똑같은 그릇에 담긴 물의 양을 비교해 볼까요?

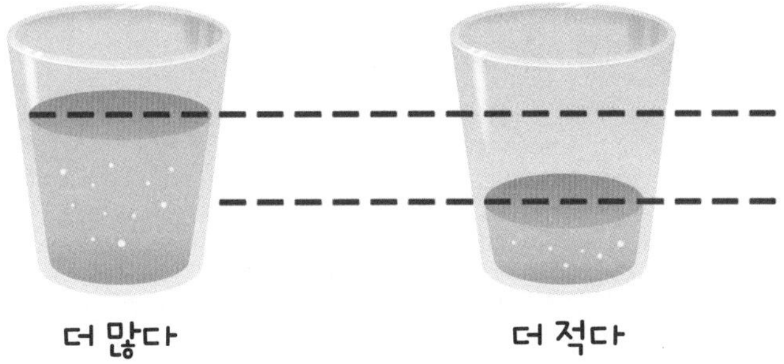

물의 높이가 높을수록 담긴 물의 양이 더 많아요.

담긴 물의 높이가 같은 물의 양을 비교해 볼까요?

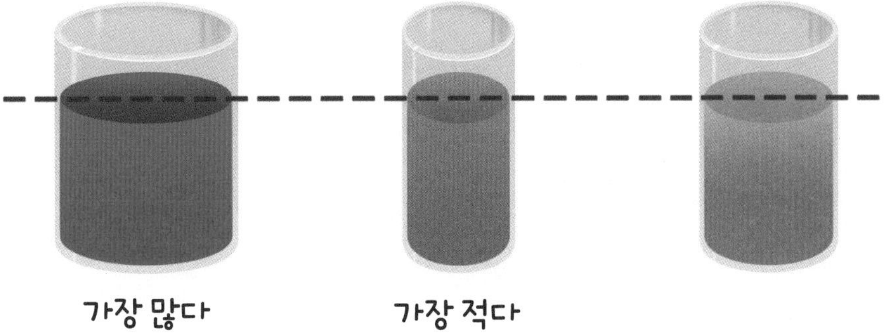

담긴 물의 높이가 같으면 그릇의 크기가 클수록 담긴 물의 양이 더 많아요.

빨간색 물의 양이 가장 많습니다.
파란색 물의 양이 가장 적습니다.

2 비교와 분류

05 분명한 분류 기준으로 분류하기

토리야~
오잉? 배찌야. 그건 무슨 카드들이야?
이건 곤충 카드와 식물 카드들이야.
척
여기에는 곤충이 그려진 카드와 식물이 그려진 카드가 섞여 있어.
그렇구나.
활짝

● 무엇을 배울까요? 분명하지 않은 기준으로 분류할 때 분류하기에 어려움이 있음을 이해하게 합니다. 분명한 기준의 필요성을 이해하게 합니다.

● 언제 배울까요? 초등학교 2학년 1학기 분류하기 단원에서 배워요.

내일 과학 시간에 곤충에 관한 수업이 있어서 말이야.
그래서 곤충만 그려진 카드만 가져가려고 분류하는 중이야.
그렇구나! 나도 같이하자. 도와줄게.
번쩍
방긋
응. 같이하자!

자~
이건 무당벌레니까
곤충이고,
이건
네잎클로버니까
식물이야.
앗! 여기에도
해바라기니까 식물.
응~ 히히.
이건 개미니까 곤충.
이건 곤충.
이건 식물.
샤샤샥
이제 다 나눴어.

하하~ 분류하는 것도 재미있구나!
앗! 잠깐, 이건 틀렸어.
이건 나뭇가지니까 식물이잖아.
탁
히히~ 아니야. 자세히 한번 봐.
이건 나뭇가지를 닮은 대벌레라는 거야.
우아~ 정말 더듬이와 눈과 다리가 있어.
하하~ 곤충의 세계는 정말 신비해.

분명한 분류 기준으로 분류하기

- 모양, 색깔, 크기 등 분명한 기준에 따라 나누는 것을 분류라고 합니다.
- 분명한 기준을 정해서 분류하면 누가 분류를 하더라도 같은 결과가 나옵니다.

동물원의 동물들을 귀여운 동물과 귀엽지 않은 동물로 분류해 볼까요?

귀여운 동물	귀엽지 않은 동물
코끼리, 펭귄, 앵무새, 홍학, 딱따구리, 타조	독수리, 사자, 하마, 매, 악어, 기린

어떤가요? 친구들도 이렇게 분류했나요?
나에게 귀여운 동물이 다른 사람에게는 귀엽지 않을 수도 있어요.
이렇게 사람에 따라 달라지는 기준은 분류의 기준으로 맞지 않아요.

하늘을 날 수 있는 동물과 날 수 없는 동물로 분류해 볼까요?

날개가 있어 날 수 있는 새들과 그렇지 않은 동물로 누구나 똑같이 분류할 수 있어서 분류의 기준이 돼요.

하늘을 날 수 있는 동물	하늘을 날 수 없는 동물

분류의 기준은 한 가지만 있는 것은 아닙니다. 기준이 분명해서 그 기준에 따라 분류했을 때 누구나 같은 결과가 나온다면 모두 분류의 기준이 될 수 있어요.

다리의 수로 동물을 분류해 볼까요?

다리가 2개인 동물	다리가 4개인 동물

06 정해진 기준에 따라 분류하기

우아~ 배찌야.
여기 좀 봐.
취미 활동을 할 수 있게 다양한 물건들을 가져다 놨어.
척
배찌 넌 어떤 걸 고를 거야?
난 음악 연주를 할 거야.
폴짝

● 무엇을 배울까요? 정해진 기준(크기, 색깔, 모양 등)에 따라 분류하게 합니다.
자신이 정한 기준에 따라 분류하게 합니다.

● 언제 배울까요? 초등학교 2학년 1학기 분류하기 단원에서 배워요.

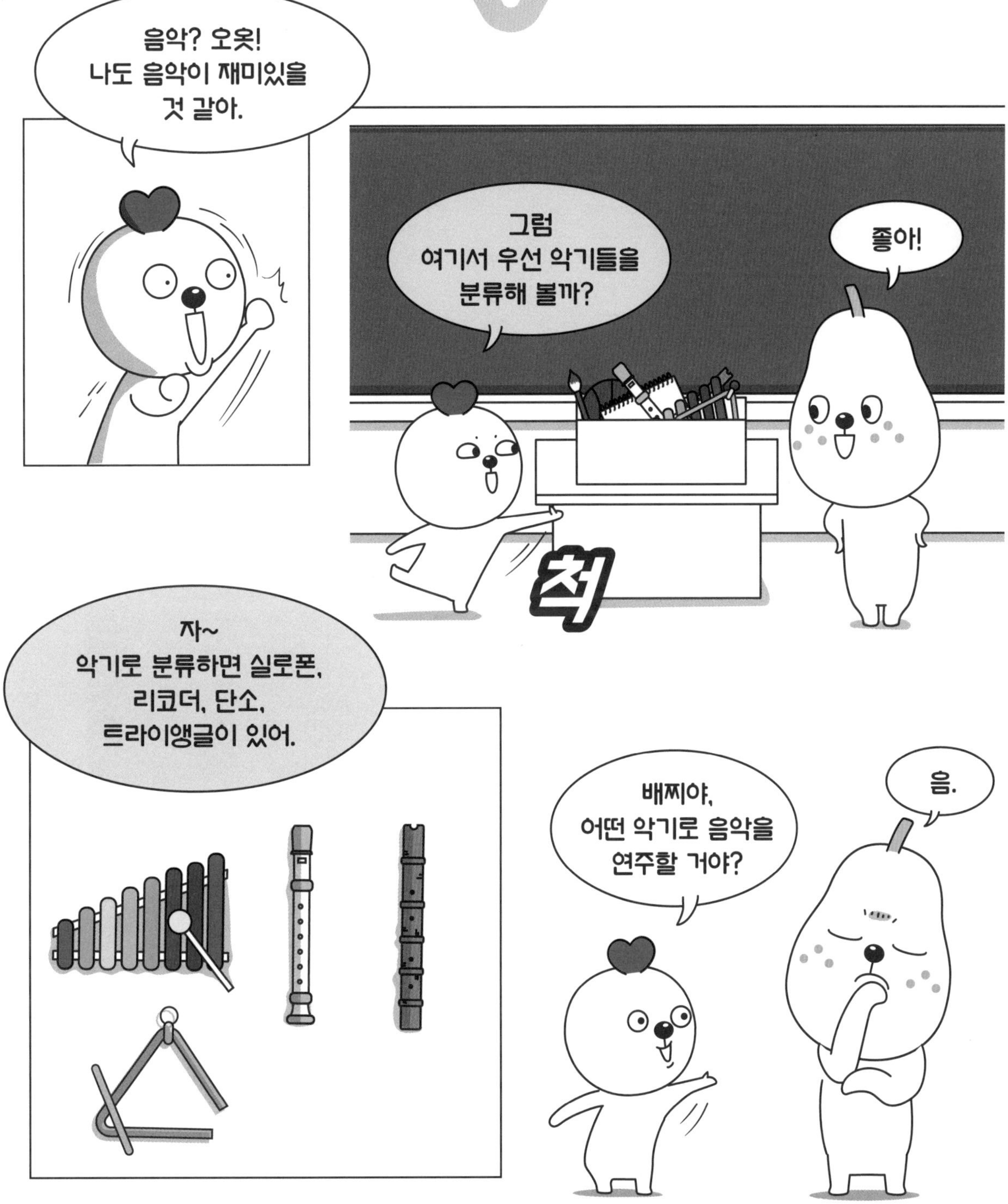
음악? 오옷!
나도 음악이 재미있을 것 같아.
그럼 여기서 우선 악기들을 분류해 볼까?
좋아!
척
자~ 악기로 분류하면 실로폰, 리코더, 단소, 트라이앵글이 있어.
배찌야, 어떤 악기로 음악을 연주할 거야?
음.

난 입으로 불어서 소리를 내는 악기가 좋아.
척
앗! 그걸 관악기라고 하는 거야.
그럼 여기서 그걸 한 번 또 분류해 볼까?
자, 이제 단소와 리코더만 있어.
자, 이제 어떤 걸 할지 정해.
척
이 중에는 말이야, 입을 사용하지 않고도 연주할 수 있는 게 있어.

난 그걸로
연주할 거야.
뭐라고?
관악기는
입으로 부는 악기야.
이 중에 다른 곳으로
불 수 있는 악기는
없단 말…
오잉?
뜨헉!
리코더를
코로 불고 있잖아!
히히~
내 말이 맞지?
삘리리~
삘릴릴리~
삘리리~
삘릴릴리~
끄응. 심지어
입으로 리코더를 연주하는
나보다 더 잘하잖아.

정해진 기준에 따라 분류하기

▶ 분류를 하는 기준은 한 가지가 아닙니다. 모양, 색깔, 크기 등 특징을 찾아 분류 기준을 정할 수 있습니다. 주어진 분류 기준이 무엇인지 잘 보고 다른 기준과 섞이지 않게 정해진 기준에 맞게 분류합니다.

색깔을 기준으로 정해 분류해 볼까요?

분류 기준: 색깔

빨간색	노란색	파란색

색깔은 사람에 따라 달라지는 특징이 아니므로 좋은 분류 기준이에요.

날 수 있는 것을 기준으로 정해 분류해 볼까요?

분류 기준 : 날개가 있는 것과 날개가 없는 것

날개가 있는 것	날개가 없는 것

모든 모양이 날개가 있는 것과 없는 것으로 모두 나뉘어져요.

살아 있는 것을 기준으로 정해 분류해 볼까요?

분류 기준 : 동물인 것과 동물이 아닌 것

동물인 것	동물이 아닌 것
	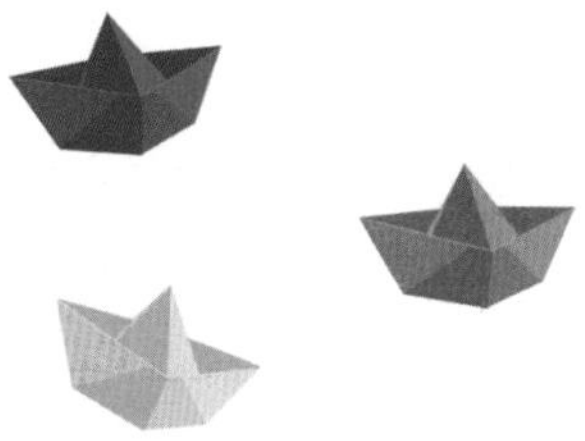

동물 모양을 본떠 만든 것과 아닌 것으로 나눌 수 있어요.

07 분류하여 세어 보기

얘들아, 여기 있었구나.
토리야, 안녕~
토리야, 그 박스는 뭐야?
자~
척
우리 집에 사탕이랑 껌이랑 초콜릿이 많아서 나눠 먹으려고 들고 왔지.

- 무엇을 배울까요? 정해진 기준(크기, 색깔, 모양 등)에 따라 분류하고 그 수를 세어 보게 합니다.
  자신이 정한 기준에 따라 분류하고 그 수를 세어 보게 합니다.
- 언제 배울까요? 초등학교 2학년 1학기 분류하기 단원에서 배워요.

우아~
정말?
정말 맛있겠다.
낼름
낼름
그런데 지금은
다 섞여 있어.
사탕, 껌, 초콜릿을
분류해서
똑같이 나눠 먹자.
좋아!

우선 사탕은
12개가 있어.
앗! 내가 수첩에
적어 놓을게.
척
다음은 껌.
껌은 15개가
있어.
척
초콜릿은
내가 분류해 볼게.
방긋
짠! 초콜릿은
9개가 있어.

나도
3가지로 분류한 것의
개수를 각각 다 적었어.
번쩍
사탕
껌
초콜릿
사탕 12개,
껌 15개,
초콜릿은 9개.
자~ 그럼 이제
나눗셈을 해서 똑같이
나눠 볼까?
응!
짝
엥? 잠깐!
그런데 말이야.
오잉?
왜 그래?
우린
아무도 나눗셈을
못하잖아.
히히~
그렇지, 참!
히히.
흑흑.
다 함께
나눗셈 공부부터
하고 먹자.

분류하여 세어 보기

▶ 기준을 정해 분류를 한 후엔 각각의 수를 세어 수로 나타내면 분류한 내용을 비교하기 편리합니다.

과자를 모양에 따라 분류하고 각각 몇 개인지 세어 볼까요?

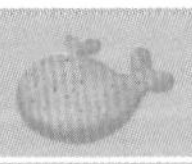	○	○	○										
	○	○	○	○	○	○	○	○	○	○	○	○	○
	○	○											
	○	○	○	○	○	○	○	○	○	○	○	○	
	○	○	○	○	○	○	○	○					

가장 많은 모양은  이고, 가장 적은 모양은  이에요.
수를 셀 때는 두 번 세거나 빠뜨리지 않도록 조심하세요.

과자를 모양에 따라 분류하고 센 것을 표로 나타내 볼까요?

모양	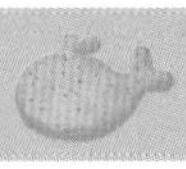		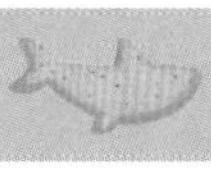	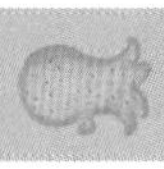	
세면서 표시하기					
과자 수(개)	3	13	2	12	8

세면서 표시를 하면 두 번 세거나 빠뜨리고 세는 것을 피할 수 있어요.
세면서 표시한 것을 보고 수로 나타내기 쉬워요.
어떤 모양의 과자가 몇 개인지 한눈에 알 수 있어요.

양말을 색깔에 따라 분류하고 수를 세어 볼까요?

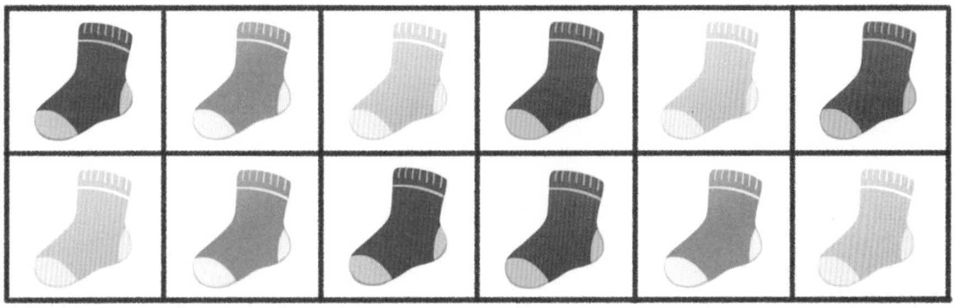

색깔	파란색	노란색	빨간색	초록색
세면서 표시하기				
양말 수(개)	2	4	3	3

양말은 파란색이 2개, 노란색이 4개, 빨간색이 3개, 초록색이 3개예요.
노란색 양말이 가장 많고 파란색 양말이 가장 적어요.

08 분류한 결과 말해 보기

탁구
야구
앗! 가징아, 칠판에 그건 뭐야?
오늘 우리 반에 투표가 있었거든.
엥? 무슨 투표?
우리 반 아이들이 좋아하는 운동이 뭔지 조사하기 위해 투표를 했어.
그렇구나~

● 무엇을 배울까요? 정해진 기준(크기, 색깔, 모양 등)에 따라 분류하고 그 수를 세어 보게 합니다. 기준에 따라 분류한 결과를 말해 보게 합니다.

● 언제 배울까요? 초등학교 2학년 1학기 분류하기 단원에서 배워요.

결과는 어떻게 됐어?
궁금 궁금
탁구, 야구, 축구, 농구가 나왔는데
탁구
야구
축구
농구
척
탁구 3명, 야구 4명, 축구 6명, 농구 2명이 나왔어.
탁구 ///
야구 ////
축구 ##/// /
농구 //
앗! 그럼 너희 반 아이들은 축구를 가장 좋아하는구나!
탁구 ///
야구 ////
축구 ##/// /

맞아!
방긋
그래서 다음 체육 시간에 선생님께 축구를 하자고 건의하려고.
축구
농구
아하!
탁
그렇게 분류해서 결과를 알면 앞으로 어떻게 해야 할지 예측이 되는구나!
맞아! 히히~
척
나도 얼른 우리 반에 가서 조사해야겠어.
번쩍
어떤 조사?

다음 주에 우리 소풍가잖아.
응.
아이들이 소풍 갈 때 먹고 싶은 음식이 뭔지 조사할 거야.
방긋
앗! 그걸 조사해서 소풍 때 그 음식을 만들어 오려고 하는구나!
아니.
척
엥? 그럼?
궁금
그 음식들은 아이들이 가져 올 거니까 얻어 먹을 수 있잖아.
그 음식은 제외하고 음식을 가져 올 거야! 히히~
번쩍
으이구~ 토리답구나.

분류한 결과 말해 보기

- 분류하여 센 결과를 보고 어느 것이 가장 많고 적은지 한눈에 알 수 있습니다.
- 분류하여 센 결과를 표현하고, 앞으로의 일을 예상할 수 있습니다.

오늘 편의점에서
팔린 우유야.
우유를 맛으로 기준을
정해 분류해 볼까?

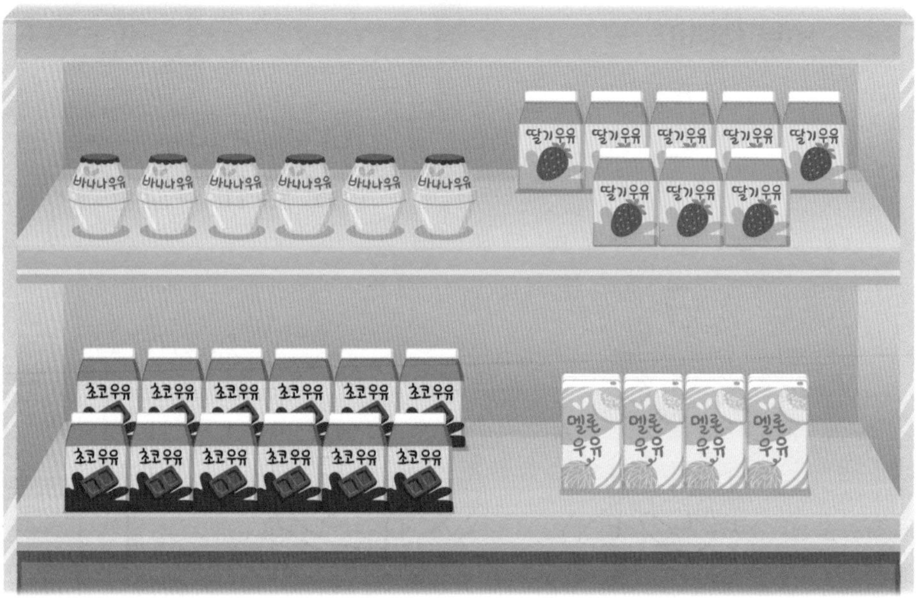
바나나우유
딸기우유
초코우유
멜론 우유

우유를 맛을 기준으로 분류해서 세어 볼까요?

종류	초콜릿 맛	딸기 맛	멜론 맛	바나나 맛
세면서 표시하기				
우유 수(개)	12	8	4	6

오늘 편의점에서 가장 많이 팔린 우유는 초콜릿 맛 우유이고 가장 적게 팔린 우유는 멜론 맛 우유예요.

내일 가장 많이 팔릴 우유도 오늘 가장 많이 팔린 우유라고 예상한다면 편의점에서는 초콜릿 맛 우유를 더 많이 준비해야 해요.

지우네 반 학생들이 좋아하는 운동을 조사하여 그림으로 나타냈습니다.
분류한 결과를 보고 자유롭게 말해 보세요.

서로 다른 그림은 모두 4종류로
탁구, 야구, 축구, 농구예요.

지우네 반에서 친구들과
함께하거나 관람하러 갈 운동 경기로
농구보다는 축구를 정하면 좋을 것 같네!

각 운동을 좋아하는 학생 수를 세어 볼까요?

운동	탁구	야구	축구	농구
세면서 표시하기	卌 卌	卌 卌	卌 卌	卌 卌
학생 수(명)	3	4	6	2

지우네 반 학생들이 좋아하는 운동은 탁구, 야구, 축구, 농구예요.
가장 많은 학생이 좋아하는 운동은 6명의 학생이 좋아하는 축구예요.
가장 적은 학생이 좋아하는 운동은 2명의 학생이 좋아하는 농구예요.

★ 마법처럼 술술 풀리는 단계별 연산 교재 ★
이젠 연산왕
연산에서 문장제까지
한 권으로 끝내기
수학의 기초는
이젠 연산왕으로 충분해요
- 유아부터 초등까지 단계별 완벽마스터
P1 P2 P3 A B C
학습 관리가 편해요
- 5일 동안, 하루 3쪽 분량으로
매일 체크 가능
- 주별 반복 학습 문제 제공
지루할 틈이 없어요
- 친숙한 생활 소재들의 시각화 연산
- 칭찬 스티커로 학습 동기 부여
자세한 단계
진도 연산
이젠 연산왕
빠른 학기
드릴 연산
쌍둥이
연산노트
재미있는
만화수학교과서
이젠 꼭 필요한
초등수학
낱권 8,000원 | 세트 48,000원
우리 만나요!!
도서 관련 질문도
학습 고민도
다양한 소식도
인스타그램에서
만날 수 있어요.
이젠교육
EZEN EDUCATION

시작하면 끝까지 보는

이젠 꼭 필요한 초등수학 시리즈

초등 1학년 | 초등 2학년 | 초등 3학년 | 초등 4학년

의 책이에요!

제 품 명: 1학년에게 꼭 필요한 도형과 측정
제조자명: 이젠교육
제조국명: 대한민국
제조년월: 판권에 별도 표기
사용학년: 8세 이상

※ KC마크는 이 제품이 공통안전기준에 적합하였음을 의미합니다.

값 16,000원 (2권 세트)
63410
9 791190 880657
ISBN 979-11-90880-65-7

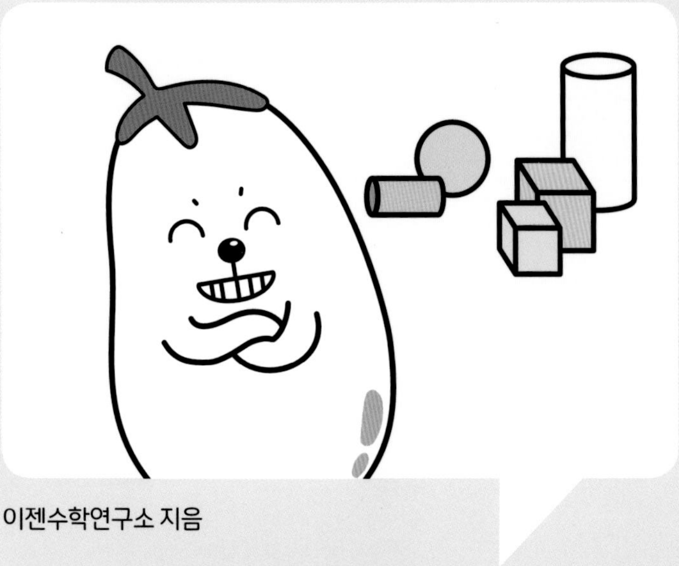

이젠수학연구소 지음

1학년에게 꼭 필요한

도형과 측정

수학 익힘책

이젠교육
EZEN EDUCATION

이젠수학연구소 지음

이젠수학연구소는 유아에서 초중고까지 학생들이 수학의 바른길을 찾아낼 수 있도록 수학 학습법을 연구하는 이젠교육의 수학 연구소입니다. 수학 실력은 하루아침에 완성되지 않으며, 다양한 경험을 통해 발달합니다. 그길에 친구가 되고자 노력합니다.

1학년에게 꼭 필요한 도형과 측정 (수학 익힘책)

초판 1쇄 발행 | 2022년 1월 10일

지 은 이 이젠수학연구소
펴 낸 이 임요병
펴 낸 곳 ㈜이젠미디어
출판등록 제 2020-000073호
주 소 서울시 영등포구 양평로 22길 21
코오롱디지털타워 404호
전 화 (02)324-1600
팩 스 (031)941-9611
인스타그램 @ezeneducation
블 로 그 http://blog.naver.com/ezeneducation

@이젠교육
ISBN 979-11-90880-65-7

1학년에게 꼭 필요한

도형과 측정

수학 익힘책

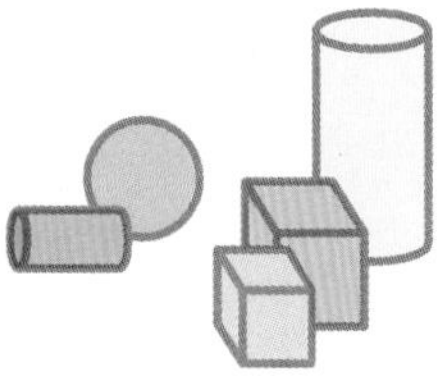

구성과 특징

- **1학년에게 꼭 필요한 수학 익힘책**

수학 교육 트랜드에 맞게 수학 교육과정을 영역별 중요 단원을 모아 계통 학습이 가능한 혼공 시대에 꼭 필요한 수학 테마 학습법입니다.

주제별 4쪽 기초학력 강화!

1 개념을 배워요

키워드 개념 학습으로 그림과 구조화된 개념 설명을 캐릭터를 이용하여 재미있게 이해하는 습관을 길러요!

2 문제로 개념을 확인해요

다양한 활동 학습으로 정확하고 빠르게 푸는 습관을 길러요!

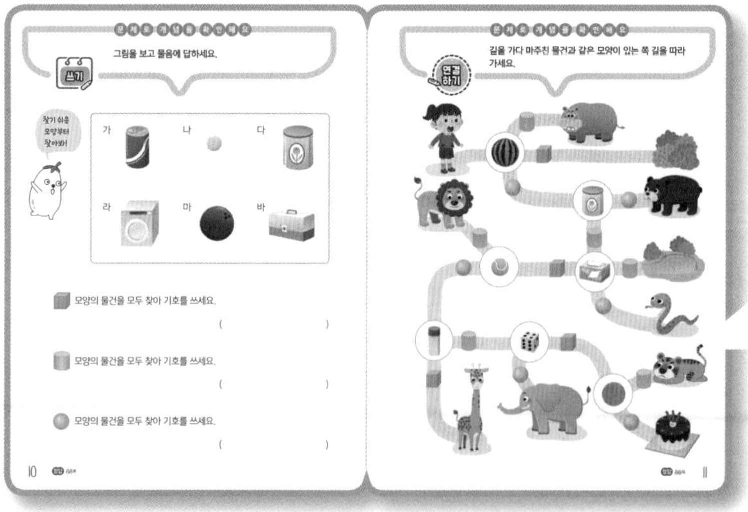

단원별 기초 문장제, 마무리 정리 학습!

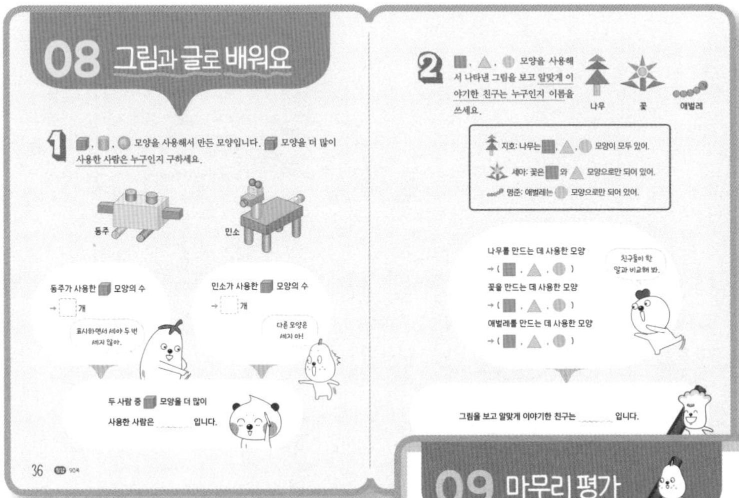

3

그림과 글로 배워요

그림을 이용한 문장제로 사고를 통해 해결하는 습관을 길러요!

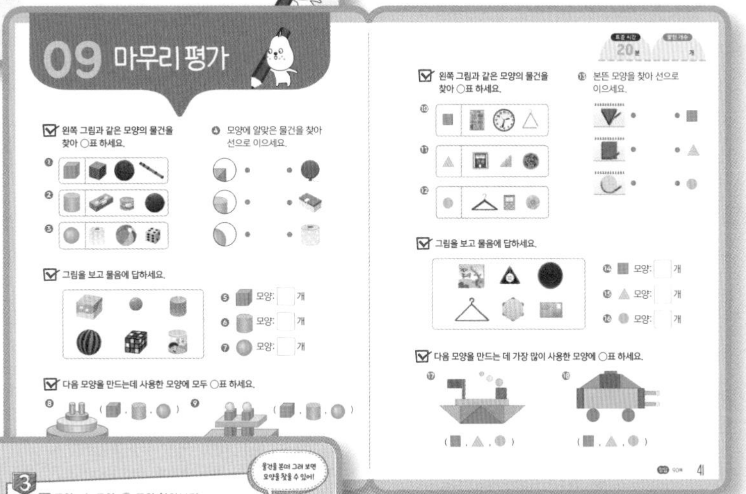

4

마무리 평가

자신의 학업 성취도를 평가해요!

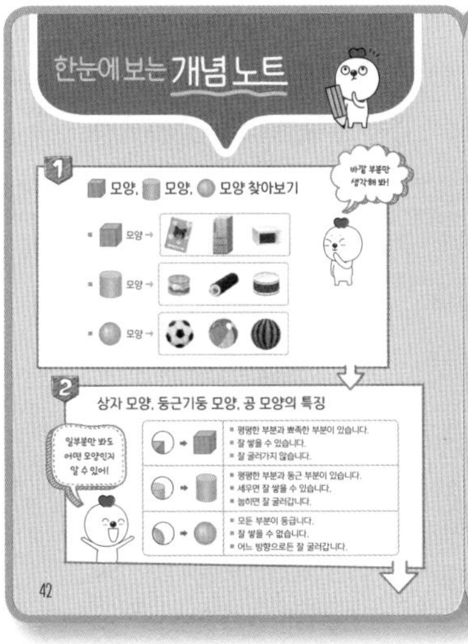

5

한눈에 보는 개념 노트

계통별로 핵심 개념을 정리해요!

차례

1학년에게 꼭 필요한
도형과 측정

1. 여러 가지 모양

구분	단원명	내용
1학년 1학기	여러 가지 모양	• 일상생활에서 상자 모양, 둥근기둥 모양, 공 모양을 찾을 수 있습니다. • 상자 모양, 둥근기둥 모양, 공 모양의 물건을 같은 모양끼리 분류할 수 있습니다. • 주어진 상자 모양, 둥근기둥 모양, 공 모양을 이용하여 여러 가지 모양을 만들 수 있습니다.
1학년 2학기	여러 가지 모양 / 규칙 찾기	• 일상생활에서 네모 모양, 세모 모양, 원 모양을 찾을 수 있습니다. • 여러 가지 물건의 일부분으로 네모 모양, 세모 모양, 원 모양을 이해할 수 있습니다. • 네모 모양, 세모 모양, 원 모양을 이용하여 여러 가지 모양을 만들 수 있습니다.

2. 비교와 분류

구분	단원명	내용
1학년 1학기	비교하기	• 두 가지 또는 세 가지 대상의 길이, 무게, 넓이, 들이를 비교할 수 있습니다. • 구체물의 길이, 무게, 넓이, 들이를 비교하여 각각 '길다, 짧다', '무겁다, 가볍다', '넓다, 좁다', '많다, 적다' 등을 구별하여 말로 표현할 수 있습니다.
2학년 1학기	분류하기	• 분류 기준이 필요함을 이해할 수 있습니다. • 기준에 따라 분류하고 그 수를 셀 수 있습니다. • 기준에 따라 분류한 결과를 말할 수 있습니다.

1. 여러 가지 모양

지도 가이드

여러 가지 모양 1학년 1학기

1. 생활 주변에서 모양, 모양, 모양을 찾아보고 특징을 알아봅니다.
2. 모양, 모양, 모양을 이용해서 여러 가지 모양을 만들어 봅니다.

여러 가지 모양, 규칙 찾기 1학년 2학기

1. 모양, 모양, 모양을 찾아보고, 특징을 알아봅니다.
2. 모양, 모양, 모양으로 여러 가지 모양을 만들어 봅니다.
3. 생활 주변의 모양에서 규칙을 찾아보고, 규칙을 정해 무늬를 만들어 봅니다.

학습 계획표

번호	쪽수	공부한 날	성취도
01	8~11쪽	월 일	☺ 😐 ☹
02	12~15쪽	월 일	☺ 😐 ☹
03	16~19쪽	월 일	☺ 😐 ☹
04	20~23쪽	월 일	☺ 😐 ☹
05	24~27쪽	월 일	☺ 😐 ☹
06	28~31쪽	월 일	☺ 😐 ☹
07	32~35쪽	월 일	☺ 😐 ☹
08	36~39쪽	월 일	☺ 😐 ☹
09	40~41쪽	월 일	☺ 😐 ☹

교과서 개념을 배워요

01  모양,  모양,  모양 찾기

학습목표
- 주변에서  모양,  모양,  모양을 찾을 수 있어요.

물건의 모양에서  모양,  모양,  모양을 찾으면 다음과 같아요.

 모양 → 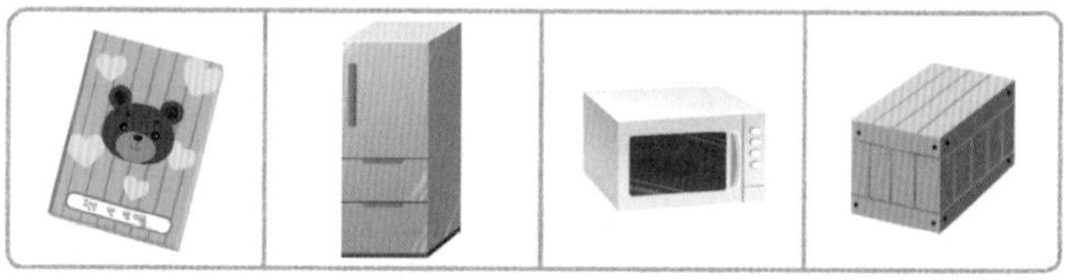

 모양 → 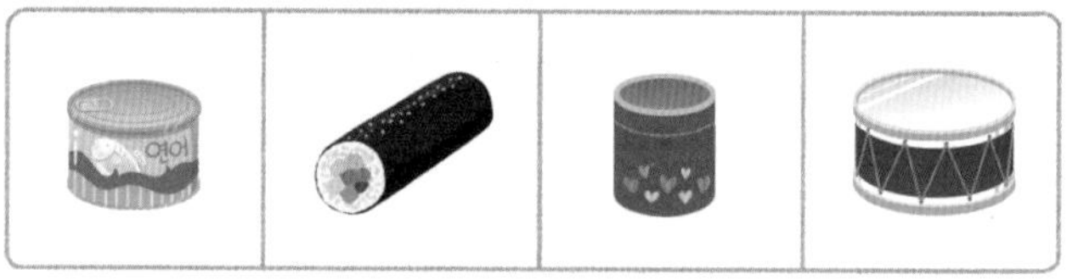

 모양 → 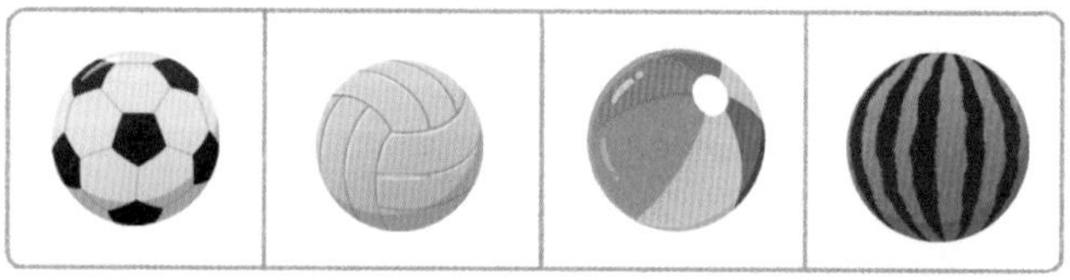

개념 문제 모여 있는 물건의 모양에 맞는 것에 색칠하세요.

()

()

()

문제로 개념을 확인해요

표시하기

왼쪽에 주어진 모양과 같은 모양을 찾아 ○표 하세요.

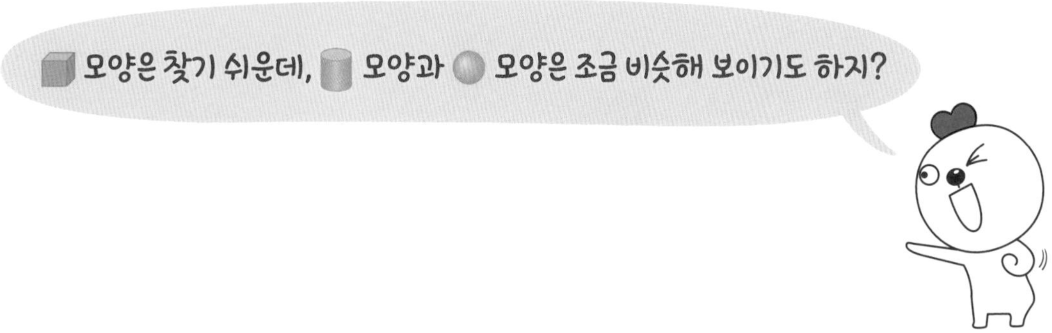

모양은 찾기 쉬운데, 모양과 모양은 조금 비슷해 보이기도 하지?

달콤
사과

분유

사전

정답 88쪽

문제로 개념을 확인해요

쓰기

그림을 보고 물음에 답하세요.

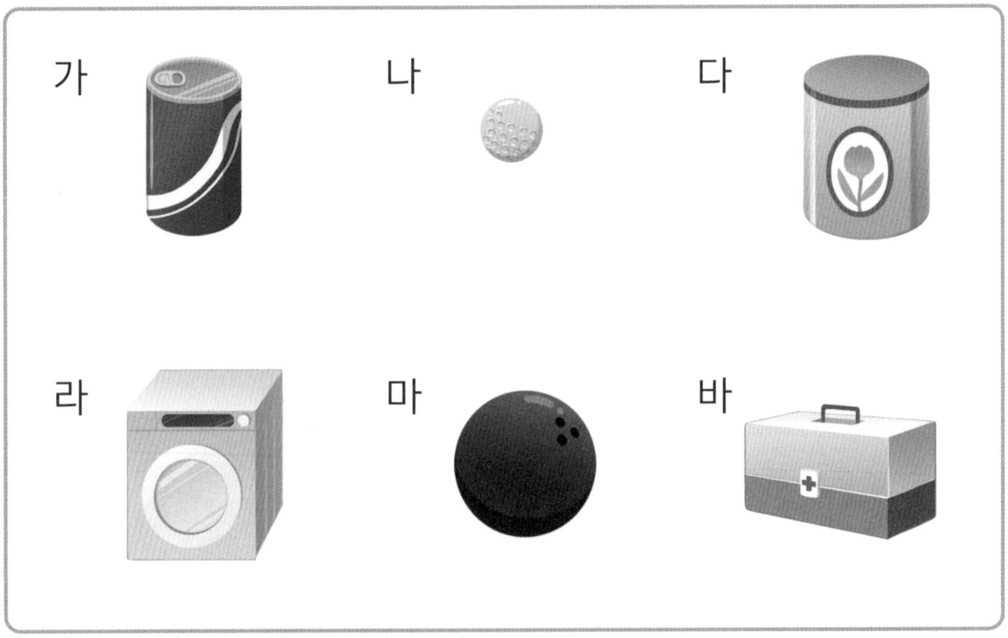

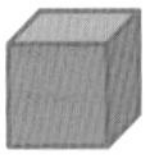 모양의 물건을 모두 찾아 기호를 쓰세요.

( )

 모양의 물건을 모두 찾아 기호를 쓰세요.

( )

 모양의 물건을 모두 찾아 기호를 쓰세요.

( )

정답 88쪽

문제로 개념을 확인해요

연결하기

길을 가다 마주친 물건과 같은 모양이 있는 쪽 길을 따라 가세요.

정답 88쪽

교과서 개념을 배워요

02 모양, 모양, 모양 알기

학습목표 ● 모양의 일부만 보거나 설명을 보고 모양, 모양, 모양을 알 수 있어요.

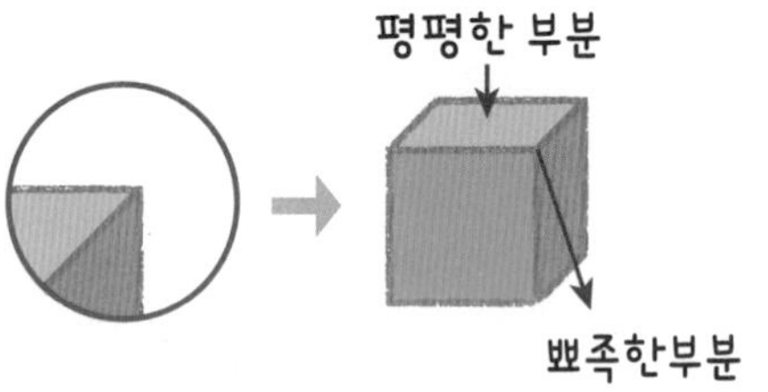
평평한 부분
뾰족한부분

평평한 부분과 뾰족한 부분이 있습니다.
평평한 부분으로 쌓으면 잘 쌓을 수 있습니다.
잘 굴러가지 않습니다.

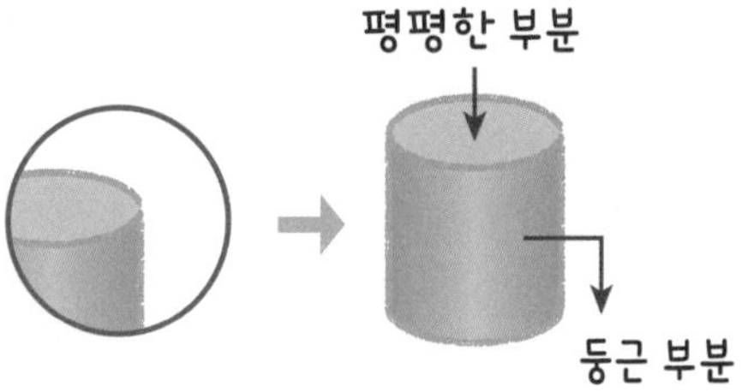
평평한 부분
둥근 부분

평평한 부분과 둥근 부분이 있습니다.
평평한 부분으로 쌓으면 잘 쌓을 수 있습니다.
눕히면 잘 굴러갑니다.

모양은 한
방향으로만 잘 굴러가!

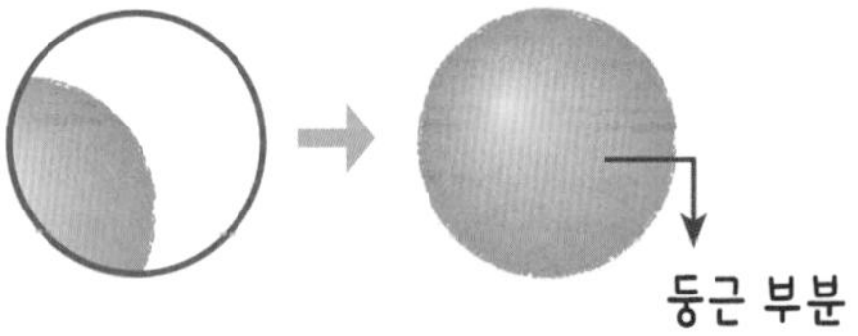
둥근 부분

모든 부분이 둥급니다.
잘 쌓을 수 없습니다.
어느 방향으로든 잘 굴러갑니다.

개념 문제 설명한 모양을 찾아 색칠하세요.

모든 부분이
둥글어서
잘 굴러가.

잘 굴러가지
않지만
잘 쌓을 수 있어.

평평한 부분과
둥근 부분이
모두 있어.

문제로 개념을 확인해요

표시하기

상자 안에 있는 모양의 일부를 보고 전체 모양을 찾아 ○표 하세요.

보이는 부분을 잘 살펴보고,
뾰족한 부분이 보이는지
평평한 부분만 있는지 찾아봐!

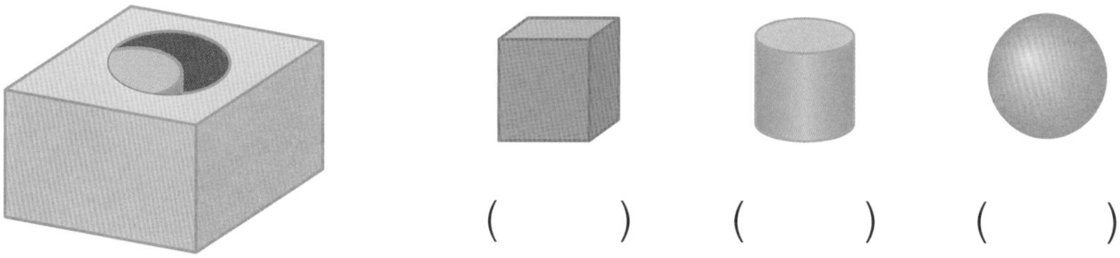

(　　) (　　) (　　)

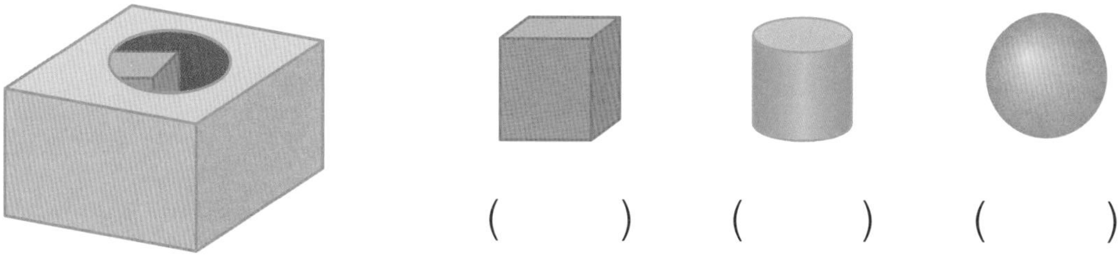

(　　) (　　) (　　)

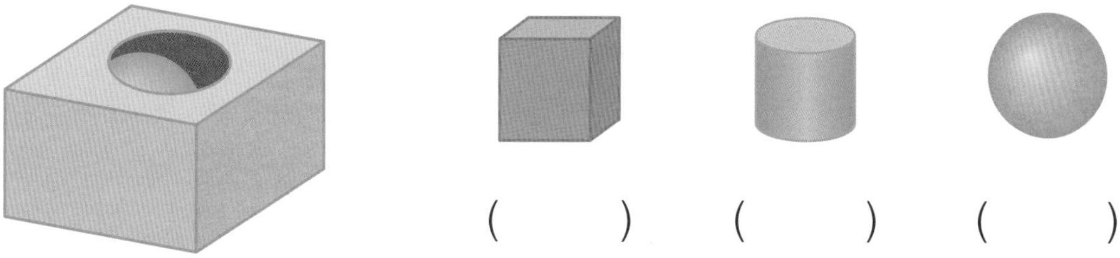

(　　) (　　) (　　)

정답 88쪽

문제로 개념을 확인해요

쓰기

그림을 보고 물음에 답하세요.

각 모양의
특징을
잘 알아 두자!

가

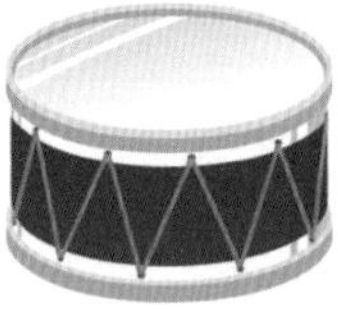

나

다

은혜 갚은
호랑이

라

마

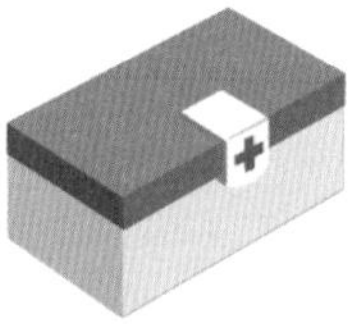

바

어느 방향으로도 잘 쌓을 수 있는 모양의 물건을 모두 찾아 기호를 쓰세요.

( )

어느 방향으로도 잘 굴러가는 모양의 물건을 모두 찾아 기호를 쓰세요.

( )

한 방향으로만 잘 쌓을 수 있고, 한 방향으로만 잘 굴러가는 모양의 물건을 모두 찾아 기호를 쓰세요.

( )

정답 88쪽

문제로 개념을 확인해요

선 잇기

모양에 알맞은 물건을 모두 찾아 선으로 이으세요.

일부분만 보고도
전체 모양이 어떨지
생각해낼 수 있지!

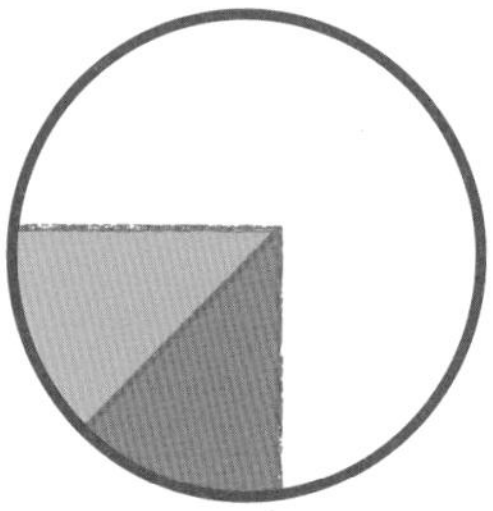

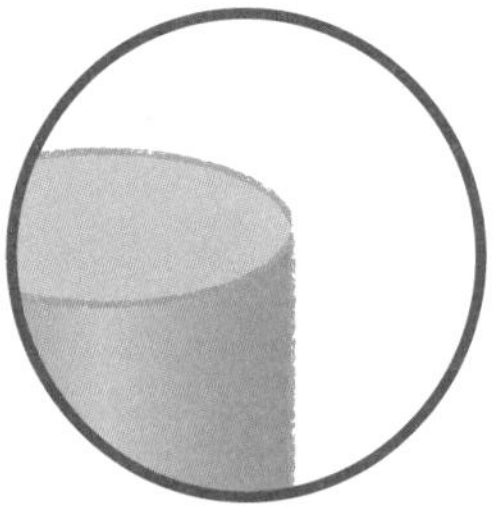

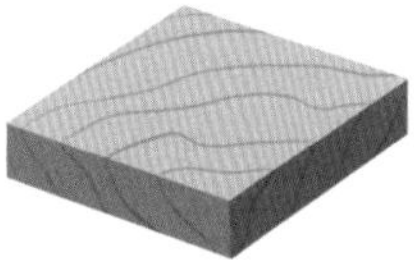

참치

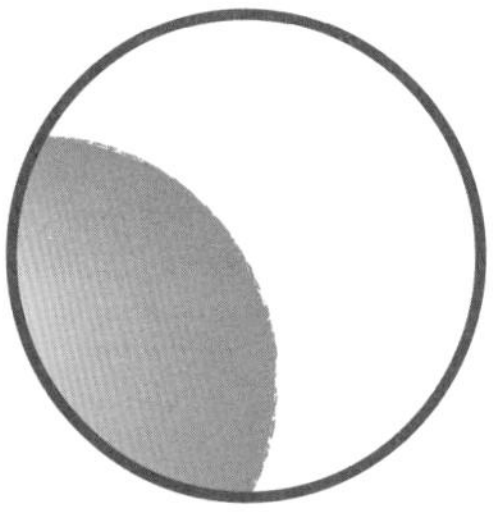

커피우유

교 과 서 개 념 을 배 워 요

03 모양, 모양, 모양으로 만들기

학습목표 ▸ • 모양, 모양, 모양으로 여러 가지 모양을 만들 수 있어요.

사용한 모양의 수를 셀 때에는 빠뜨리거나 두 번 세지 않도록 하세요.

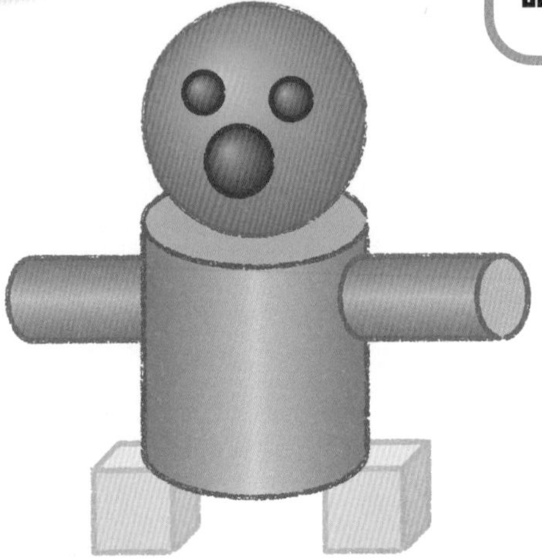

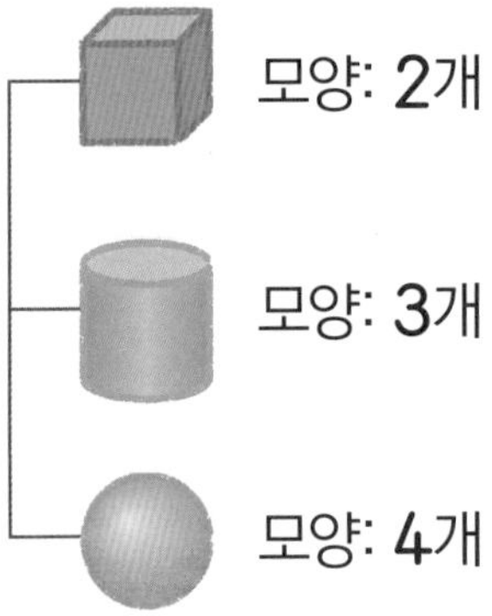

개념 문제 , , 모양을 사용하여 만든 것을 보고

모양은 빨간색,

모양은 초록색,

모양은 노란색으로

색칠하세요.

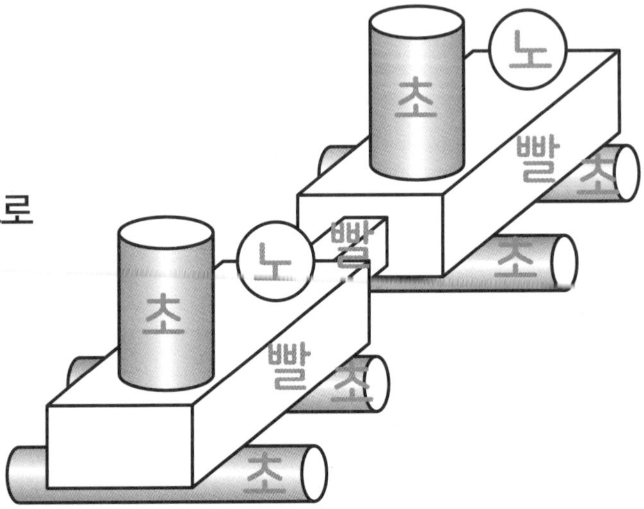

문제로 개념을 확인해요

표시하기

모양을 만드는 데 사용한 모양을 모두 찾아 ○표 하세요.

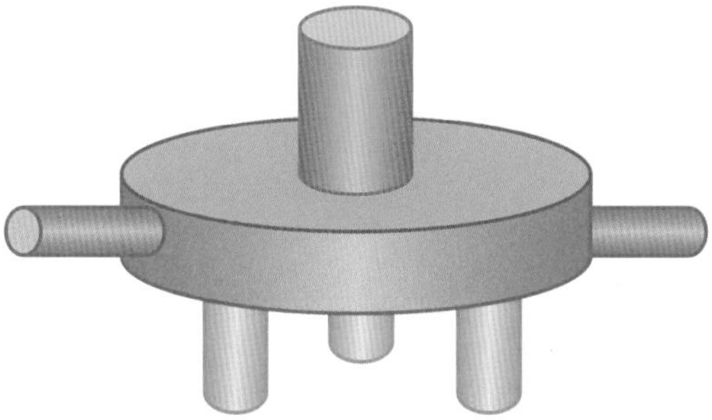

()

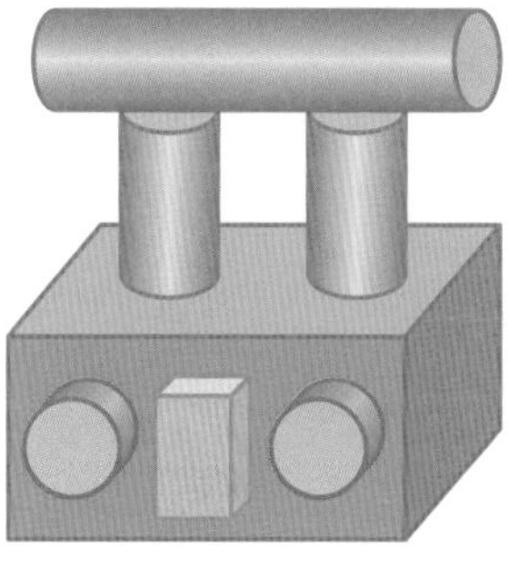

()

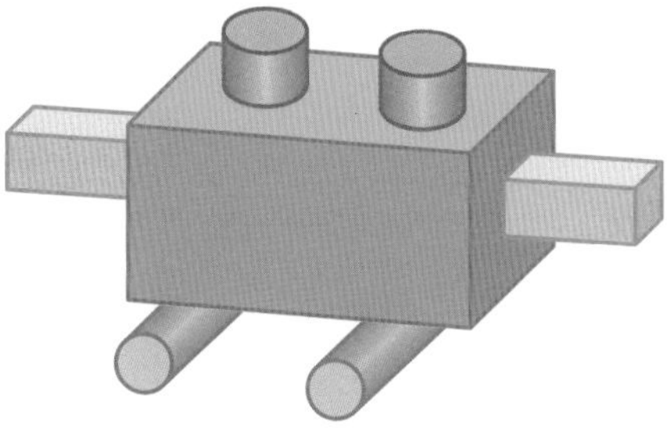

()

문제로 개념을 확인해요

쓰기

각 모양을 몇 개씩 사용해서 만든 모양인지 쓰세요.

센 모양에 표시를 해서
두 번 세지 않도록 조심해!

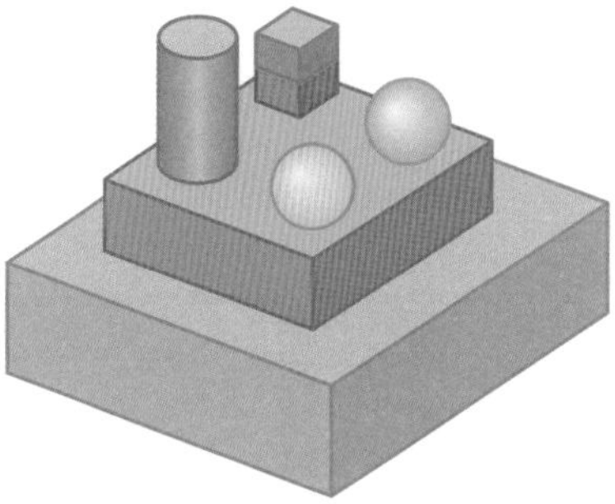

 모양: □개

 모양: □개

 모양: □개

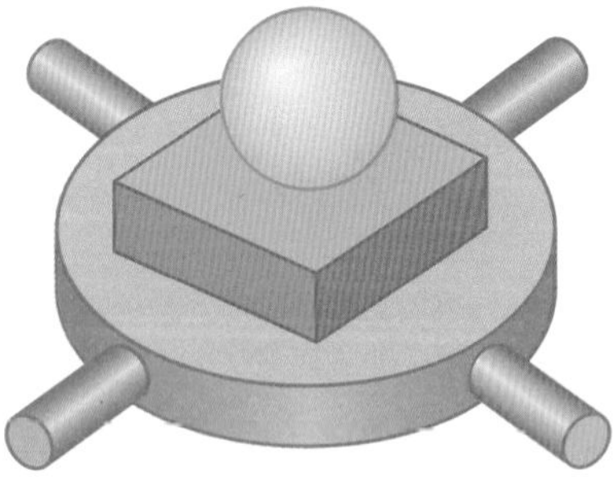

 모양: □개

 모양: □개

 모양: □개

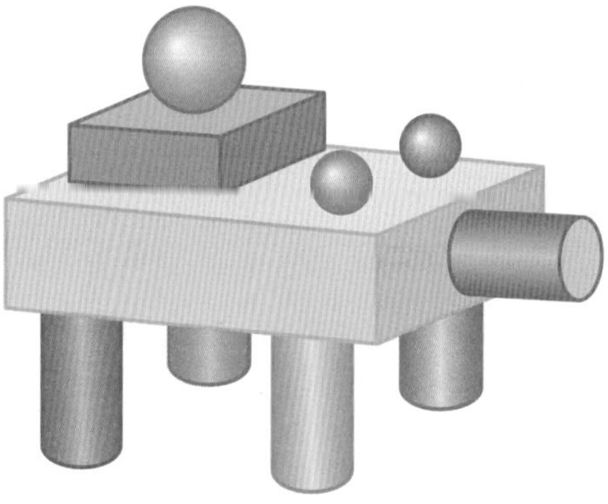

 모양: □개

 모양: □개

 모양: □개

정답 88쪽

문제로 개념을 확인해요

선 잇기

보기 의 모양을 모두 사용해서 만든 모양을 찾아 선으로 이으세요.

모양 2개, 모양 3개,
모양 2개로 만든 모양을
찾으면 돼!

보기

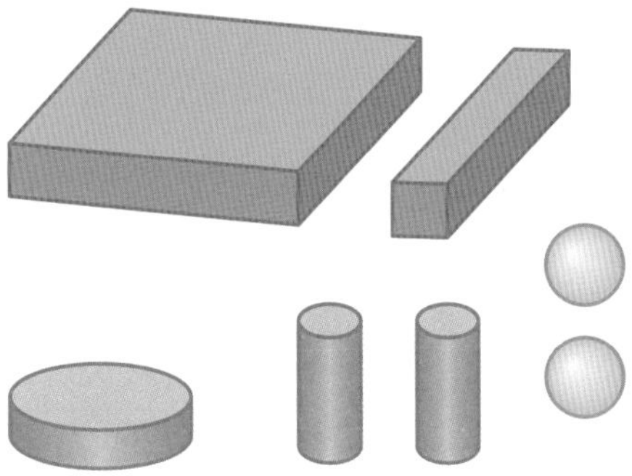

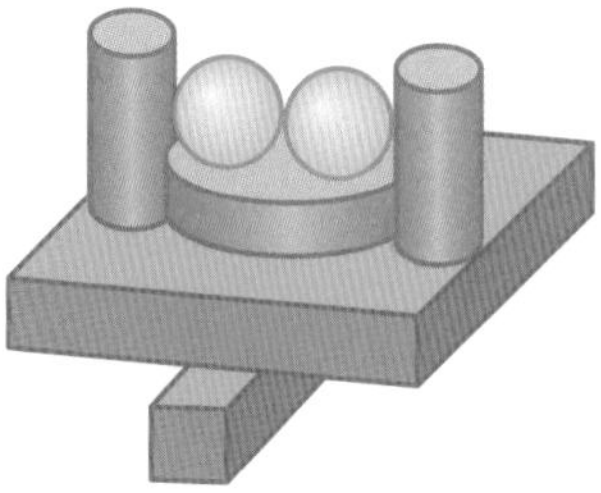

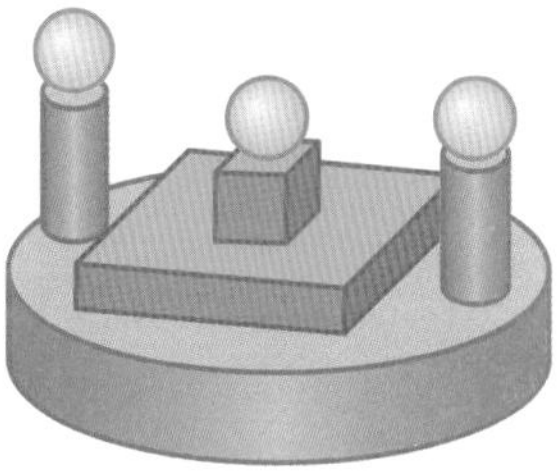

보기

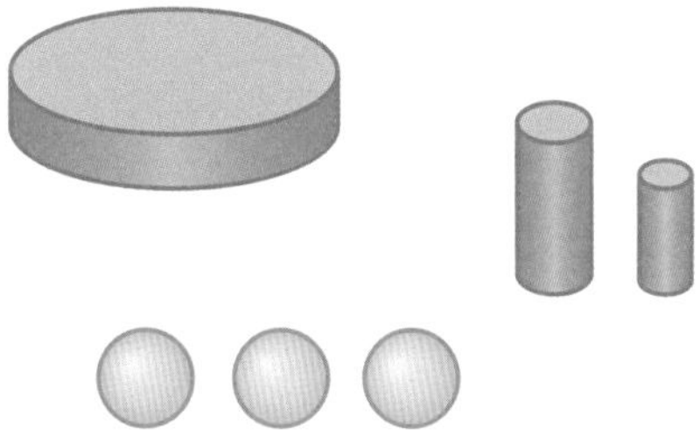

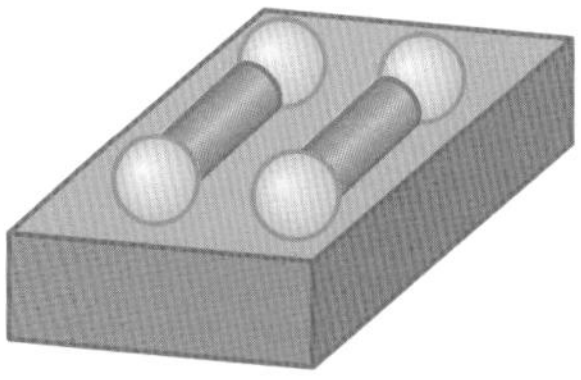

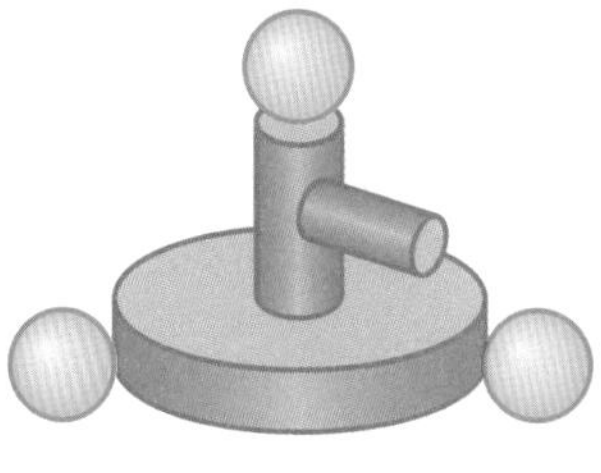

교과서 개념을 배워요

04 □ 모양, △ 모양, ○ 모양 찾기

학습목표 ▸ • 주변에서 □ 모양, △ 모양, ○ 모양을 찾을 수 있어요.

모양의 바깥쪽을
따라 그려 봐!

물건의 모양에서 □ 모양, △ 모양, ○ 모양을 찾으면 다음과 같아요.

 모양 → 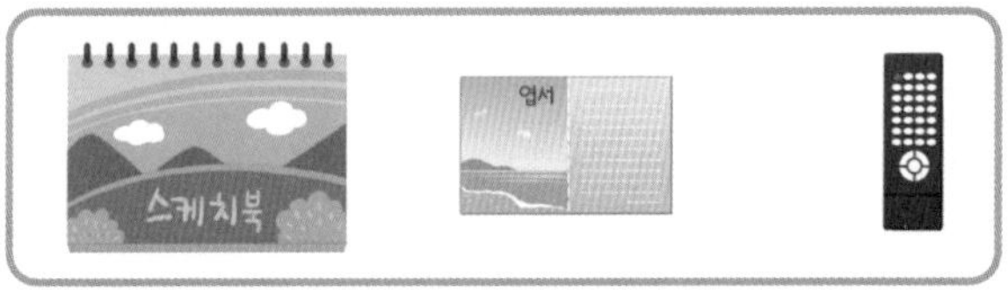

스케치북
엽서

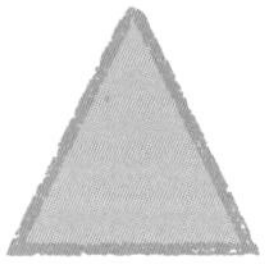 모양 → 

 모양 → 

개념 문제 모여 있는 물건의 모양에 맞는 것에 색칠하세요.

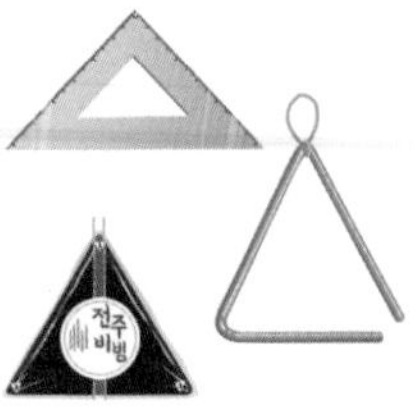

(□ ▲ ○)

(□ △ ●)

필통

(■ △ ○)

문제로 개념을 확인해요

그리기

왼쪽에 주어진 모양과 같은 모양을 찾아 그 모양을 따라 그리세요.

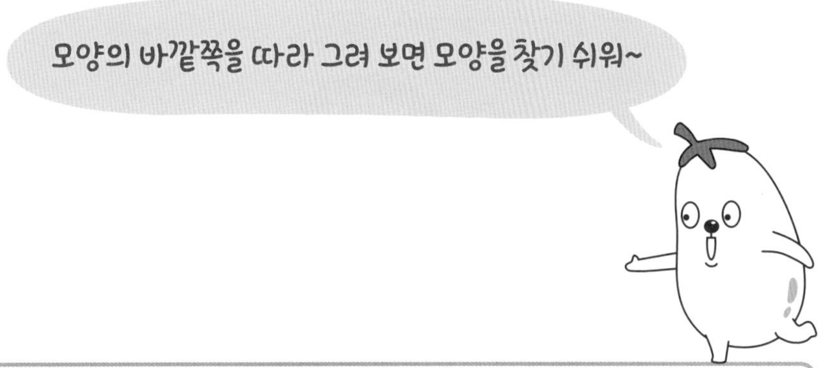
모양의 바깥쪽을 따라 그려 보면 모양을 찾기 쉬워~

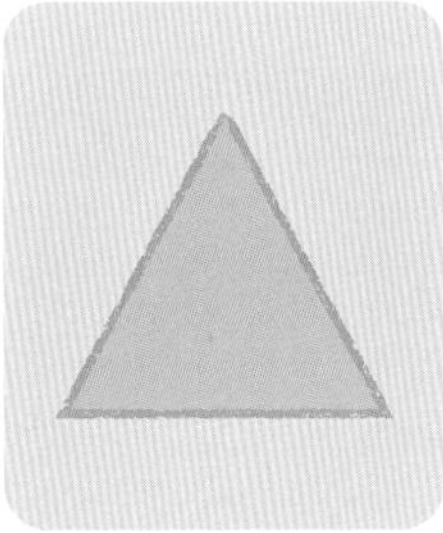

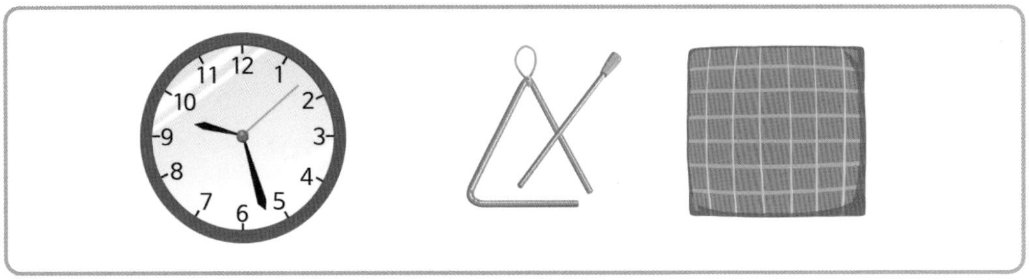

문제로 개념을 확인해요

쓰기

그림을 보고 물음에 답하세요.

찾기 쉬운
모양부터
찾아봐!

가

2.2
m

나
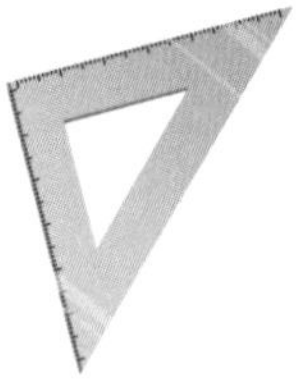

다

라

4월

마

바

■ 모양을 찾을 수 있는 물건을 모두 찾아 기호를 쓰세요.

( )

▲ 모양을 찾을 수 있는 물건을 모두 찾아 기호를 쓰세요.

( )

● 모양을 찾을 수 있는 물건을 모두 찾아 기호를 쓰세요.

( )

문제로 개념을 확인해요

연결하기

길을 가다 마주친 물건과 같은 모양이 있는 쪽 길을 따라 가세요.

교과서 개념을 배워요

05 ■ 모양, ▲ 모양, ● 모양 알기

학습목표 • ■ 모양, ▲ 모양, ● 모양의 특징을 알 수 있어요.

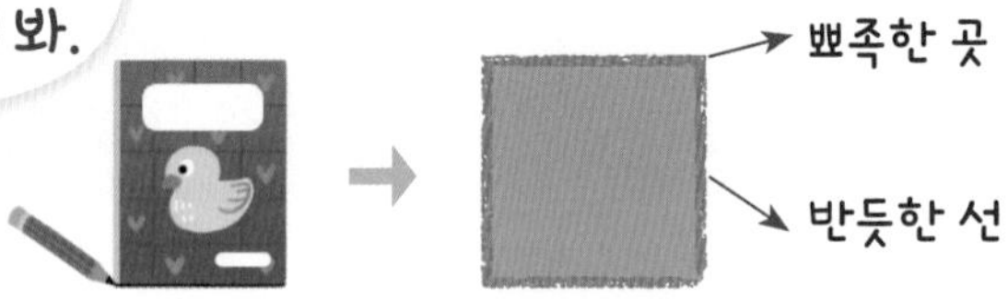

반듯한 선으로 되어 있습니다.
뾰족한 곳이 4군데입니다.

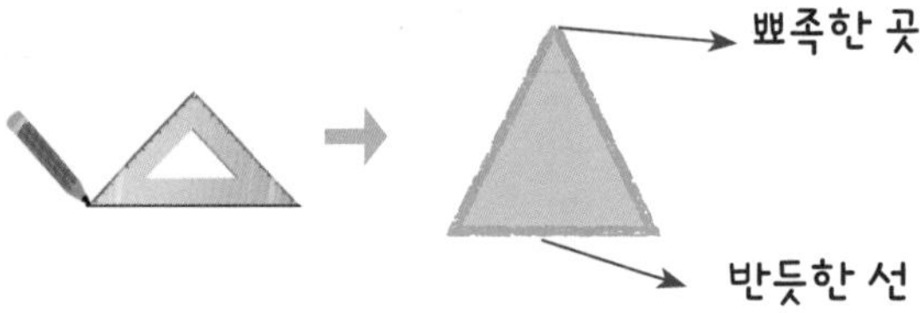

반듯한 선으로 되어 있습니다.
뾰족한 곳이 3군데입니다.

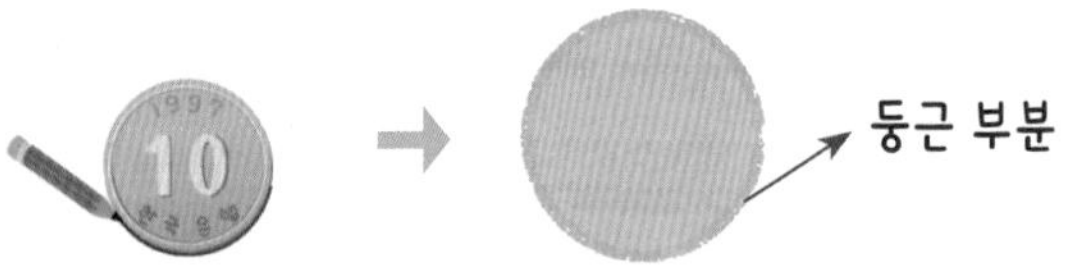

꺾이는 부분이 없습니다.
뾰족한 곳이 없습니다.

개념 문제 본뜬 모양을 찾아 알맞게 이으세요.

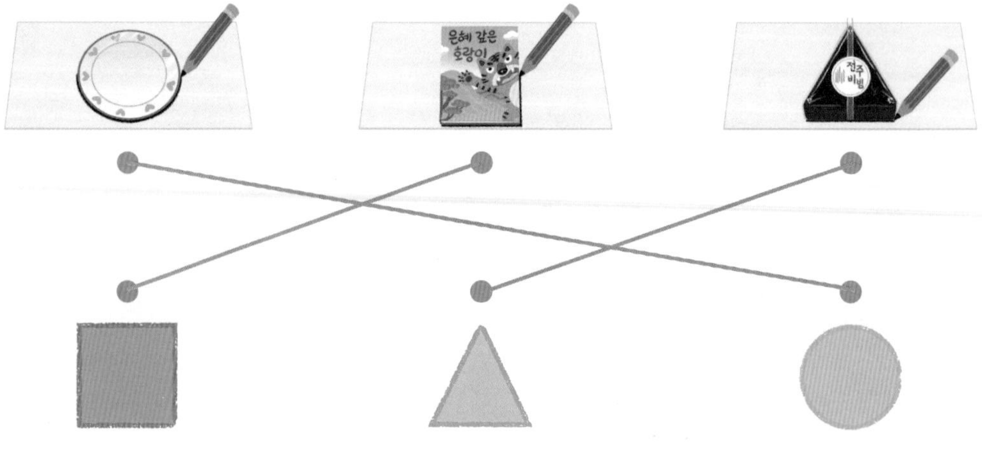

문제로 개념을 확인해요

표시하기

모양의 일부를 보고 전체 모양을 찾아 ○표 하세요.

뾰족한 곳이 보이는지,
반듯한 선만 있는지,
꺾이는 부분이 없는지 찾아봐!

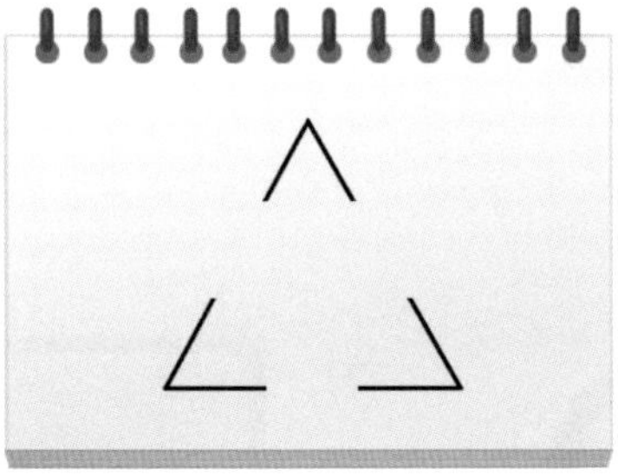

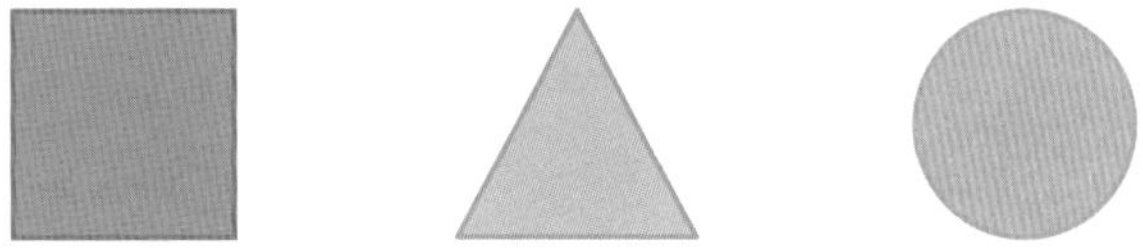

(　　) (　　) (　　)

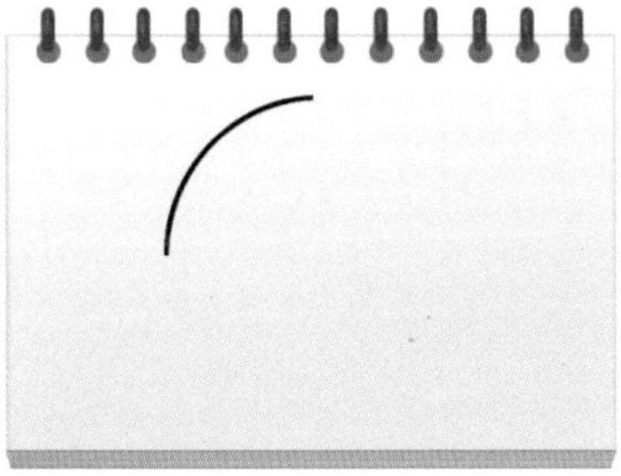

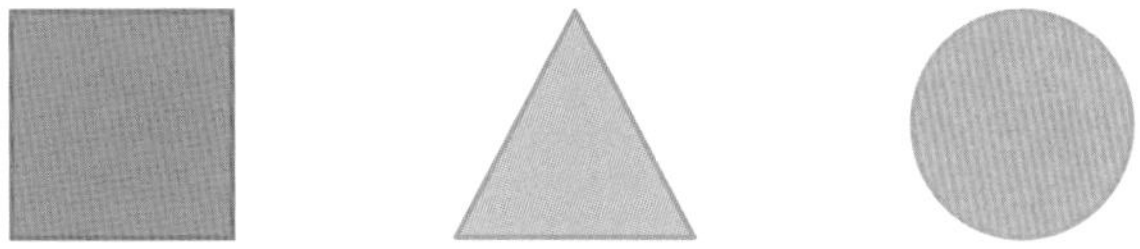

(　　) (　　) (　　)

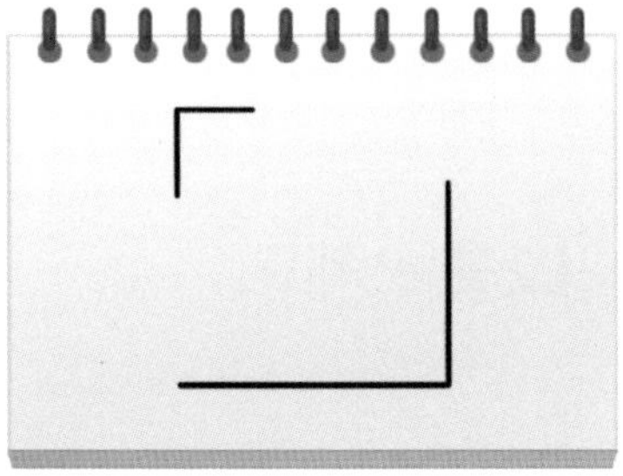

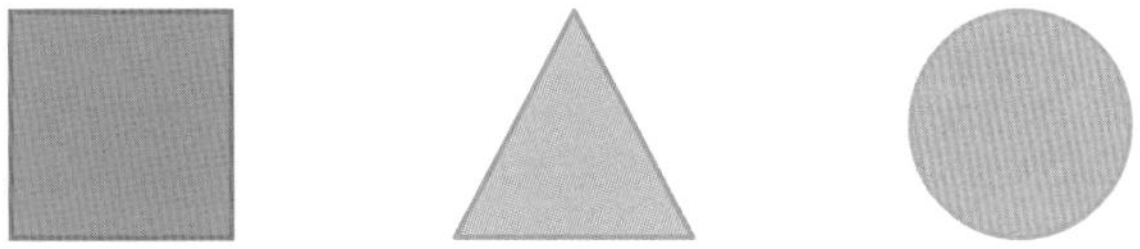

(　　) (　　) (　　)

문 제 로 개 념 을 확 인 해 요

그림을 보고 물음에 답하세요.

쓰기

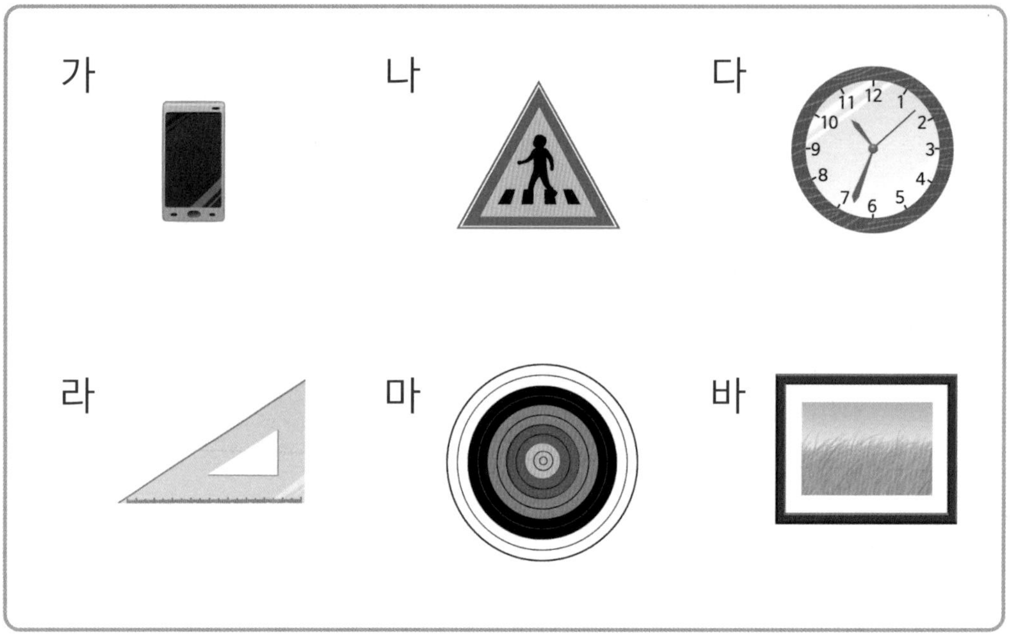

뾰족한 곳이 없는 모양의 물건을 모두 찾아 기호를 쓰세요.

( )

둥근 부분이 없고, 뾰족한 곳이 **4**군데 있는 모양의 물건을 모두 찾아 기호를 쓰세요.

( )

뾰족한 곳이 **3**군데 있는 모양의 물건을 모두 찾아 기호를 쓰세요.

( )

정답 89쪽

문제로 개념을 확인해요

선 잇기

그림과 같이 잘랐을 때 나오는 모양과 본떠 그린 모양이 같은 것을 찾아 알맞게 이으세요.

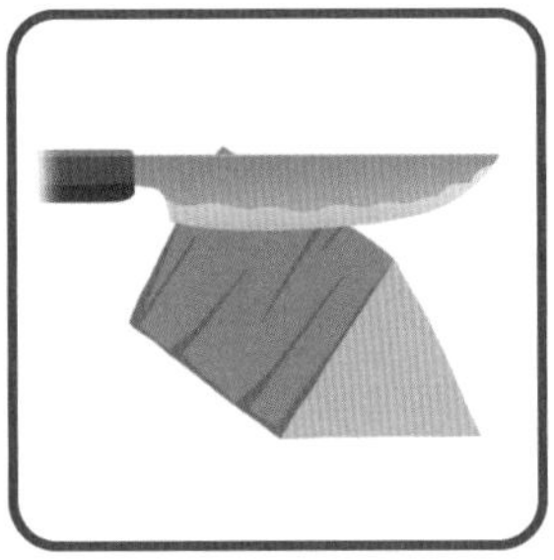

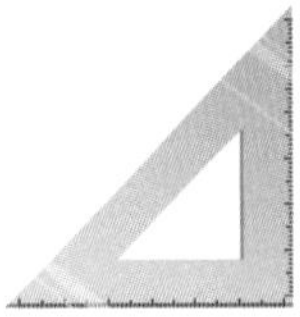

교과서 개념을 배워요

06 모양, 모양, 모양으로 꾸미기

학습목표 • 모양, 모양, 모양으로 여러 가지 모양을 꾸밀 수 있어요.

같은 모양에 같은 표시를 하면서 세면 세기가 쉬워요.

모양: 2개

모양: 11개

모양: 1개

개념 문제 , , 모양을 사용하여 꾸민 것을 보고 모양은 노란색, 모양은 초록색, 모양은 빨간색으로 색칠하세요.

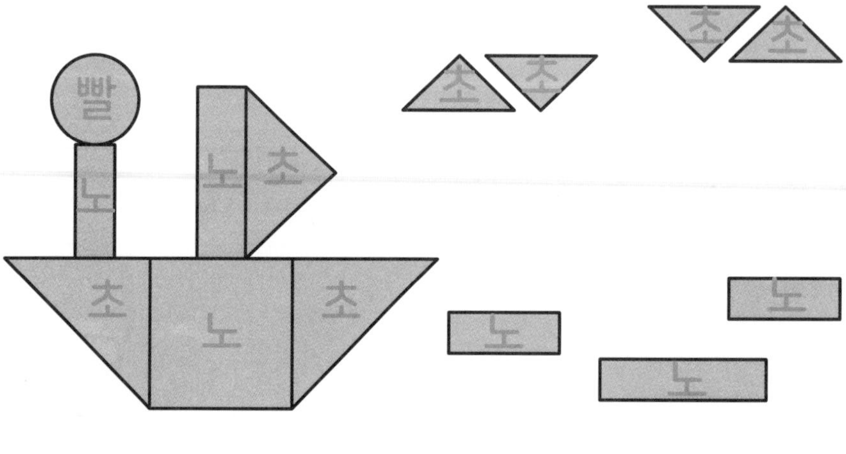

문제로 개념을 확인해요

표시하기

모양을 만드는 데 사용한 모양을 모두 찾아 ○표 하세요.

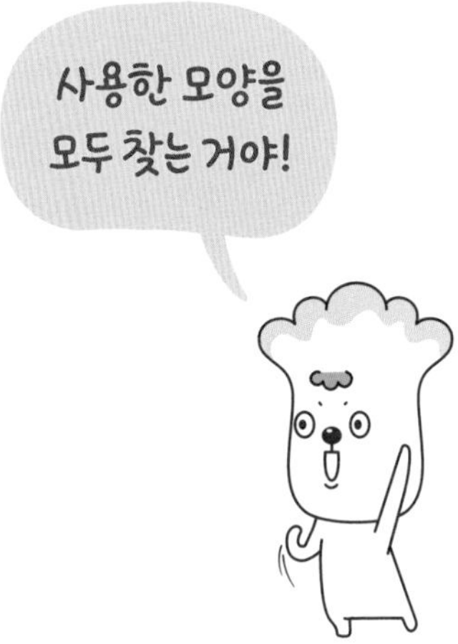

사용한 모양을
모두 찾는 거야!

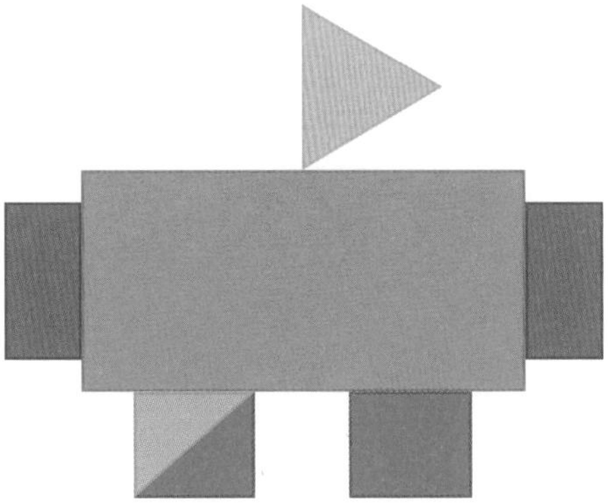

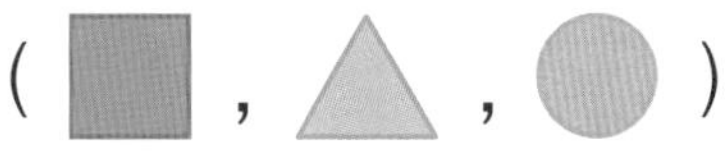

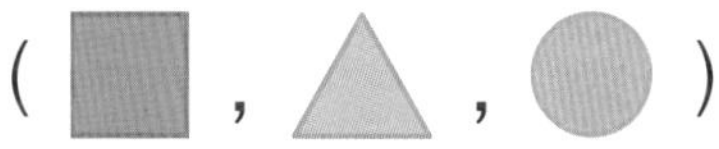

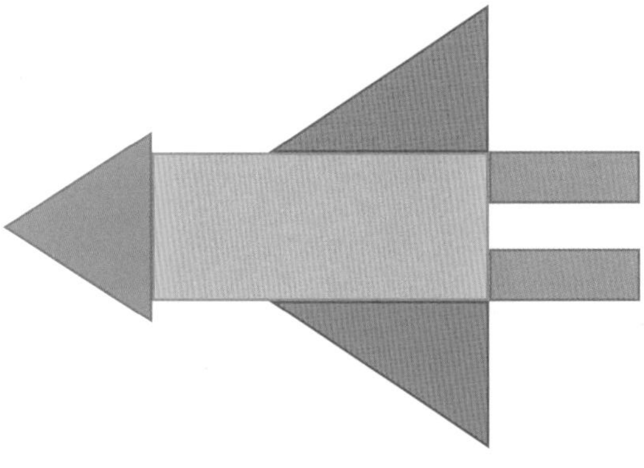

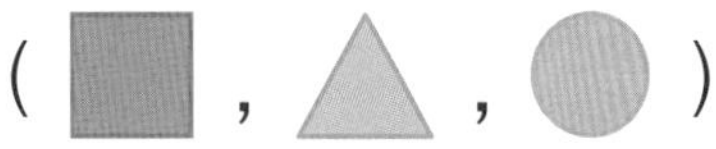

문제로 개념을 확인해요

쓰기

각 모양을 몇 개씩 사용해서 만든 모양인지 쓰세요.

센 모양에 표시를 해서
두 번 세지 않도록 조심해!

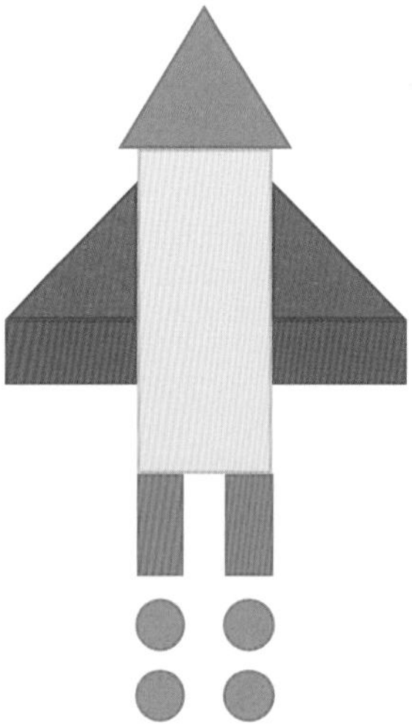

모양: 개

모양: 개

모양: 개

모양: 개

모양: 개

모양: 개

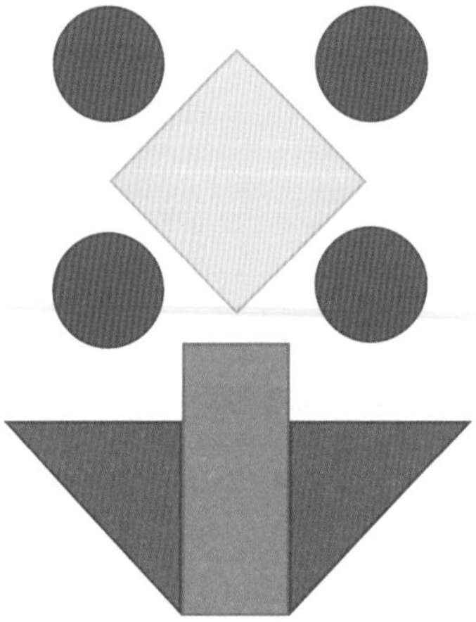

모양: 개

모양: 개

모양: 개

정답 89쪽

문제로 개념을 확인해요

선 잇기

보기 의 모양을 모두 사용해서 만든 모양을 찾아 선으로 이으세요.

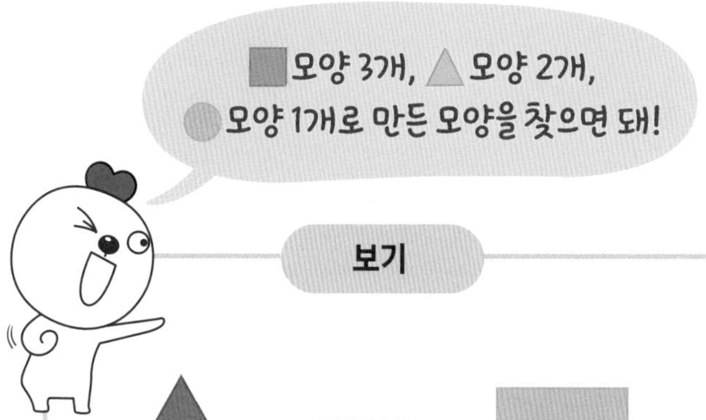
모양 3개, 모양 2개,
모양 1개로 만든 모양을 찾으면 돼!

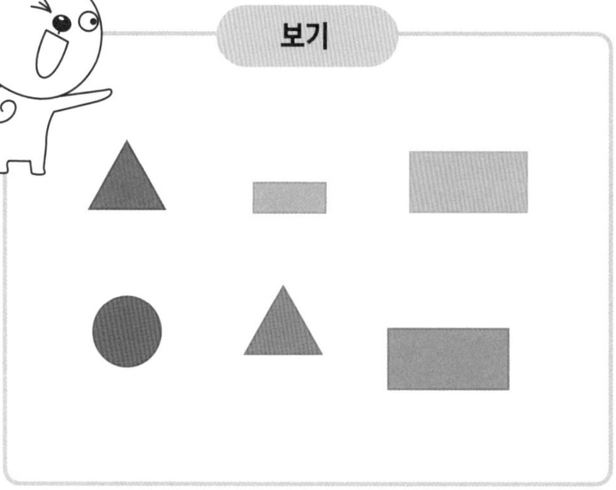
보기

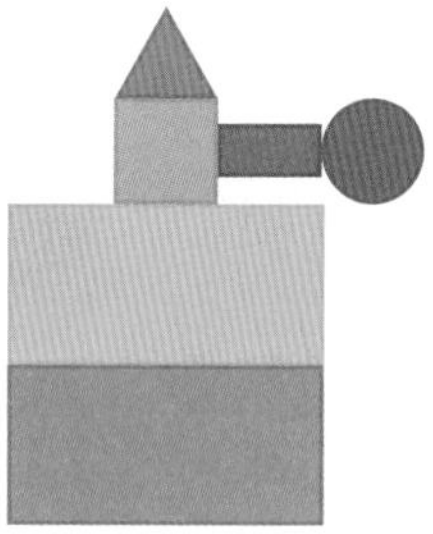

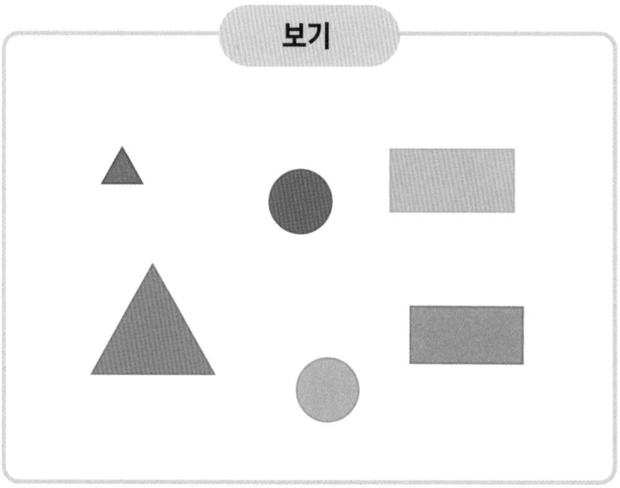
보기

정답 89쪽

교 과 서 개 념 을 배 워 요

07 규칙을 만들어 무늬 꾸미기

학습목표
- 주변의 무늬에서 반복되는 모양이나 색깔을 찾을 수 있어요.
- 규칙을 정해서 무늬를 꾸밀 수 있어요.

처음의 모양과 색깔이
다시 나오는 부분을
잘 살펴봐.

반복은 되풀이된다는 뜻이에요.

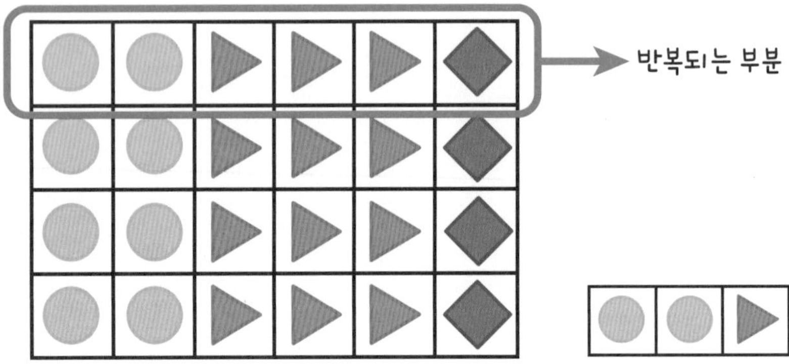
반복되는 부분

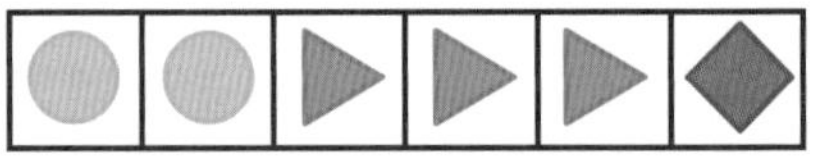 이

반복되는 규칙으로 꾸민 무늬입니다.

개념 문제 모양이나 색깔을 살펴보고 반복되는 부분을 바르게 찾은 것에 ○표 하세요.

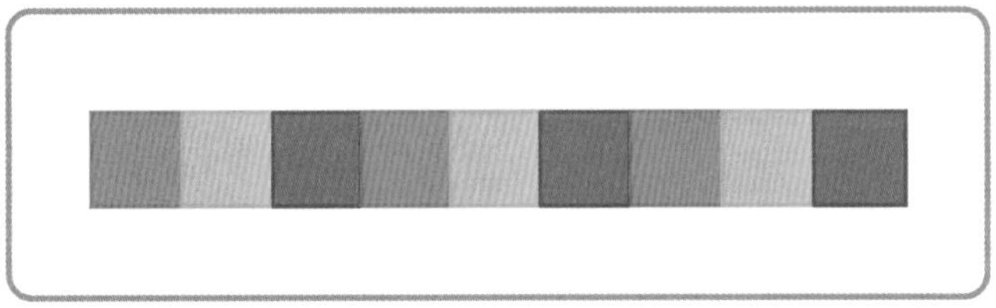

 (　　)

 (○)

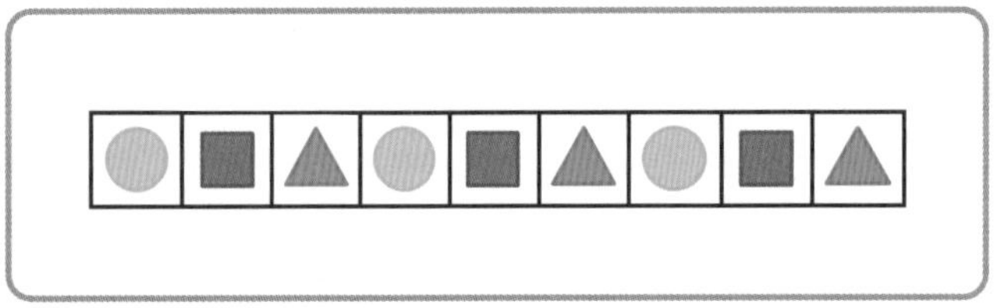

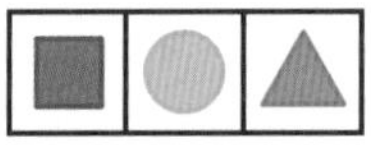 (　　)

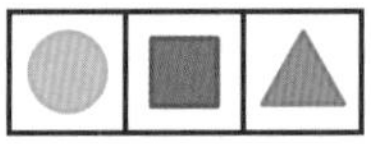 (○)

문 제 로 개 념 을 확 인 해 요

선 잇기

규칙에 맞게 무늬를 꾸민 것을 찾아 선으로 이으세요.

 가 반복되는 규칙

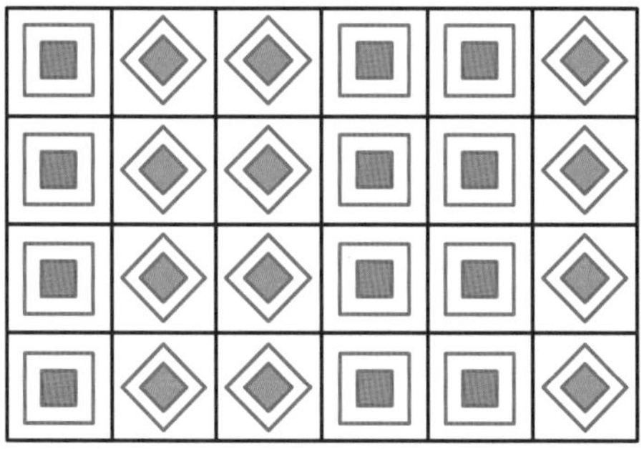

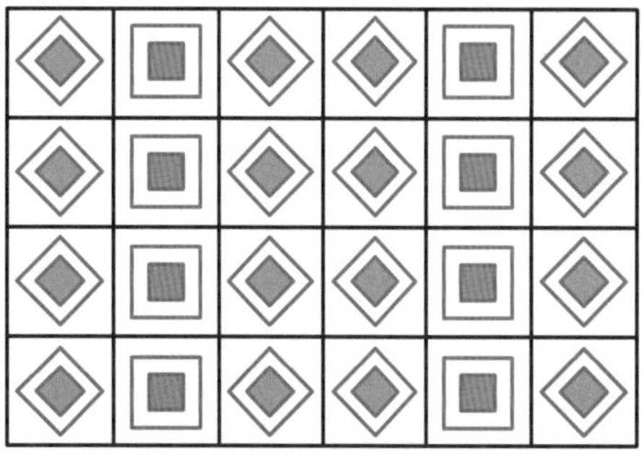

 가 반복되는 규칙

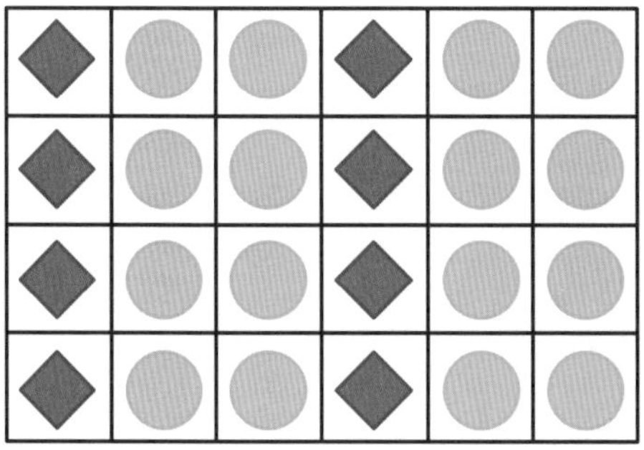

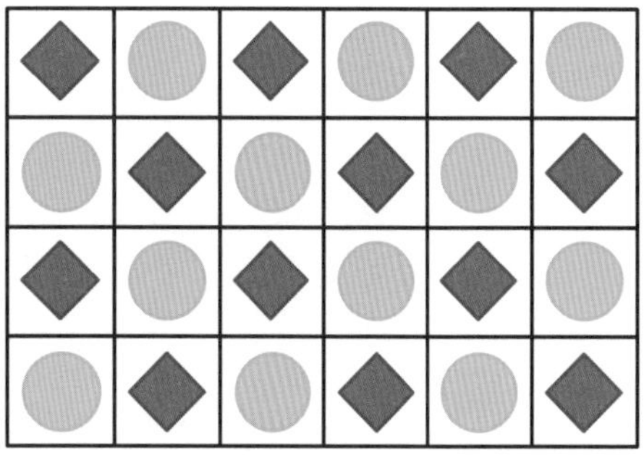

색칠 하기

규칙에 따라 빈칸에 알맞게 색칠하세요.

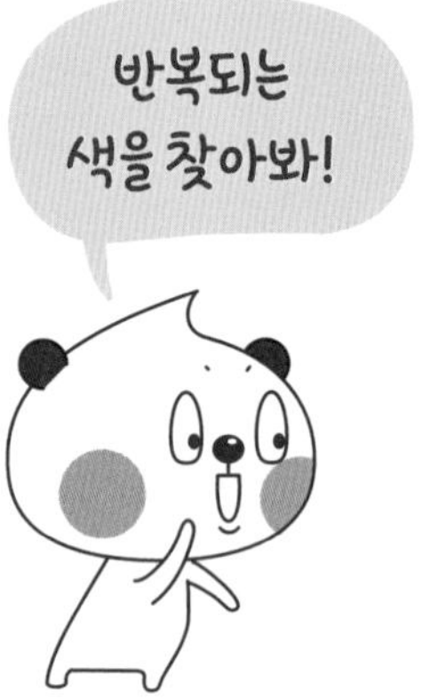
반복되는
색을 찾아봐!

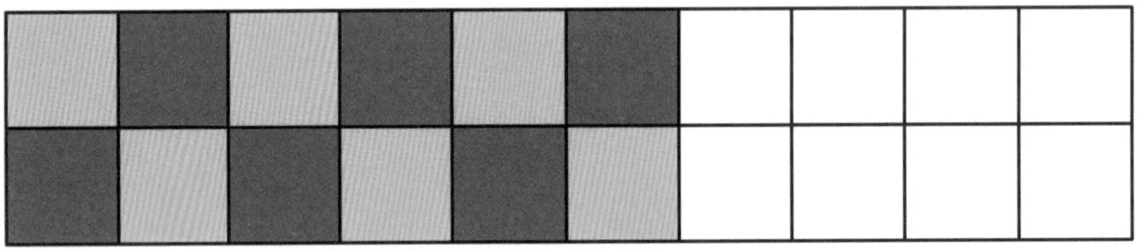

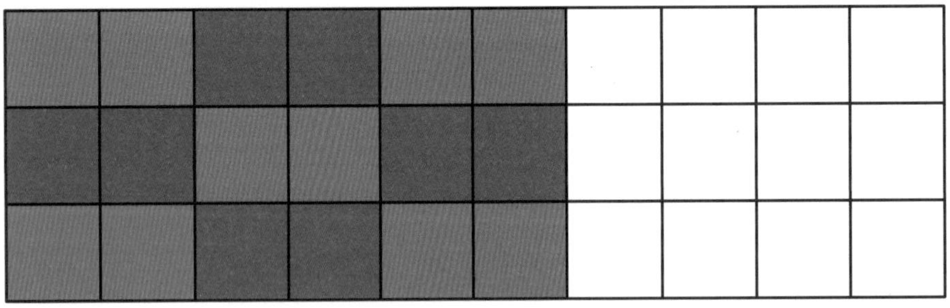

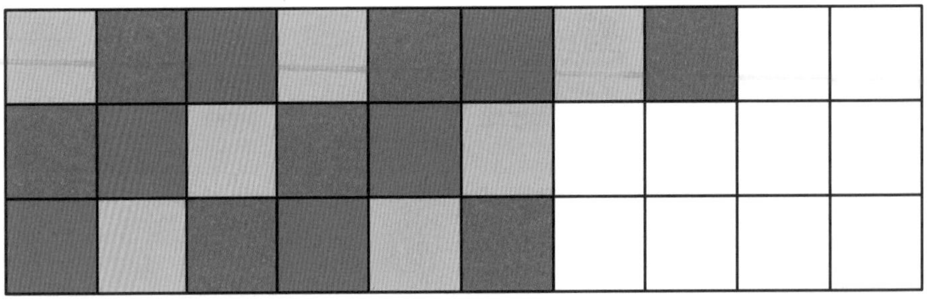

 정답 90쪽

문제로 개념을 확인해요

그리기

규칙에 따라 빈칸에 알맞게 그리세요.

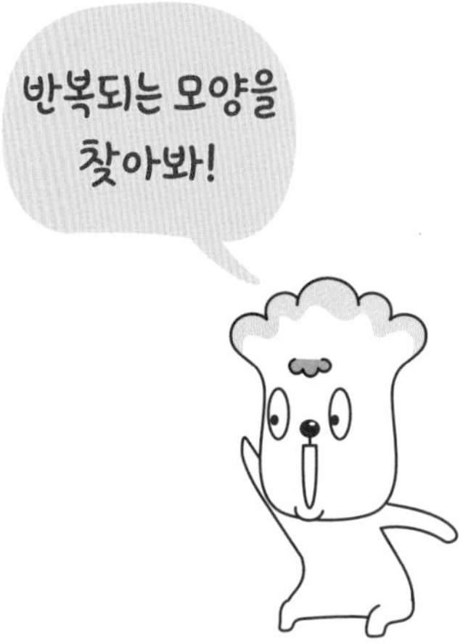
반복되는 모양을
찾아봐!

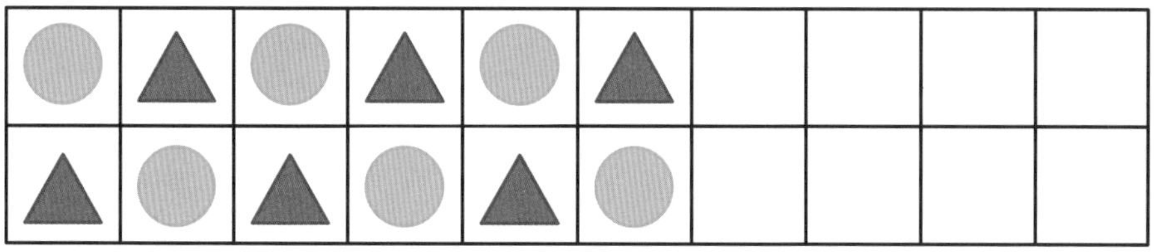

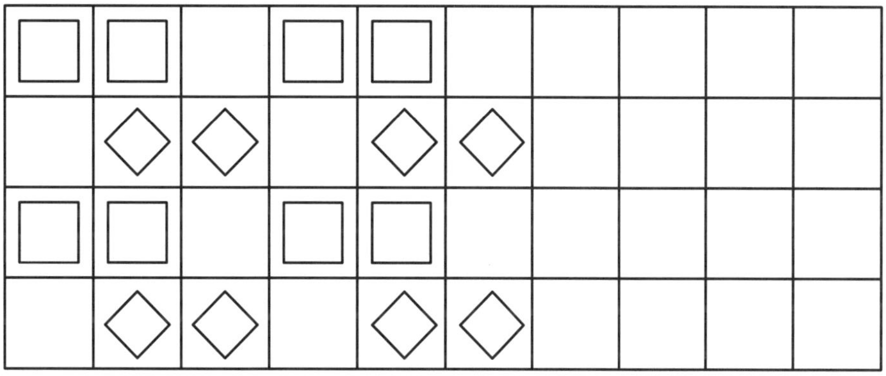

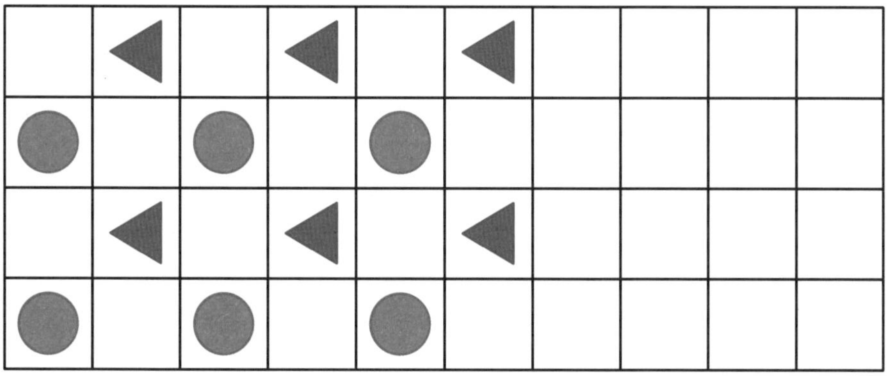

08 그림과 글로 배워요

1 , ,  모양을 사용해서 만든 모양입니다.  모양을 더 많이 사용한 사람은 누구인지 구하세요.

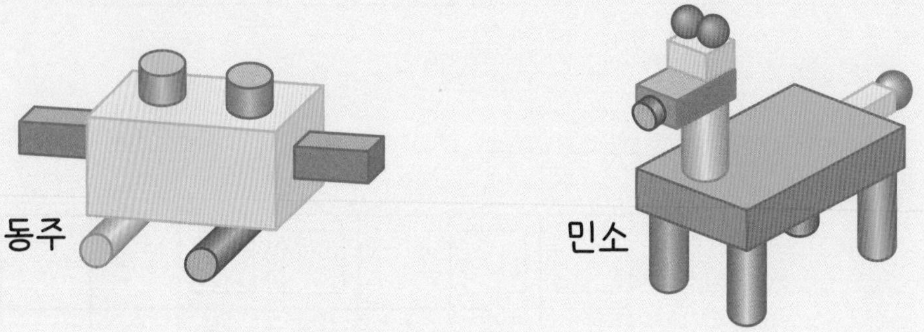

동주가 사용한  모양의 수

→ ☐ 개

표시하면서 세야 두 번 세지 않아.

민소가 사용한  모양의 수

→ ☐ 개

다른 모양은 세지 마!

두 사람 중 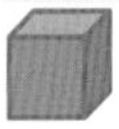 모양을 더 많이

사용한 사람은 ________ 입니다.

2 ■, ▲, ● 모양을 사용해서 나타낸 그림을 보고 알맞게 이야기한 친구는 누구인지 이름을 쓰세요.

나무　　꽃　　애벌레

> 지호: 나무는 ■, ▲, ● 모양이 모두 있어.
>
> 세아: 꽃은 ■와 ▲ 모양으로만 되어 있어.
>
> 명준: 애벌레는 ● 모양으로만 되어 있어.

나무를 만드는 데 사용한 모양

→ (■ , ▲ , ●)

꽃을 만드는 데 사용한 모양

→ (■ , ▲ , ●)

애벌레를 만드는 데 사용한 모양

→ (■ , ▲ , ●)

친구들이 한
말과 비교해 봐.

그림을 보고 알맞게 이야기한 친구는 ________ 입니다.

3 잘 굴러가는 모양의 물건만 모은 사람은 누구인지 쓰세요.

선호

지혜

민수

조건 잘 굴러가는 모양: ()

풀이 선호가 모은 모양: ()

지혜가 모은 모양: ()

민수가 모은 모양: ()

답 **잘 굴러가는 모양만 모은 사람은 ______ 입니다.**

4 뾰족한 곳이 없는 모양은 모두 몇 개인지 구하세요.

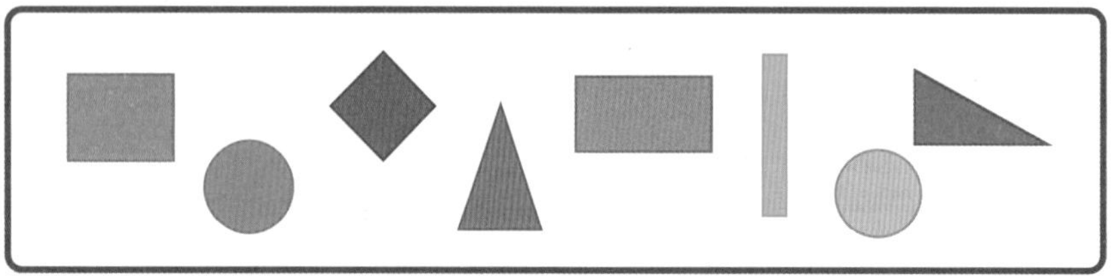

조건 뾰족한 곳이 없는 모양: (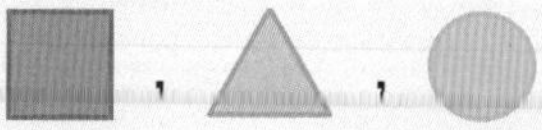)

풀이  모양: ☐ 개,  모양: ☐ 개,  모양: ☐ 개

답 **뾰족한 곳이 없는 모양은 ______ 개입니다.**

5 뾰족한 곳이 4군데인 모양을 더 많이 사용해서 모양을 만든 사람은 누구인지 쓰세요.

이랑

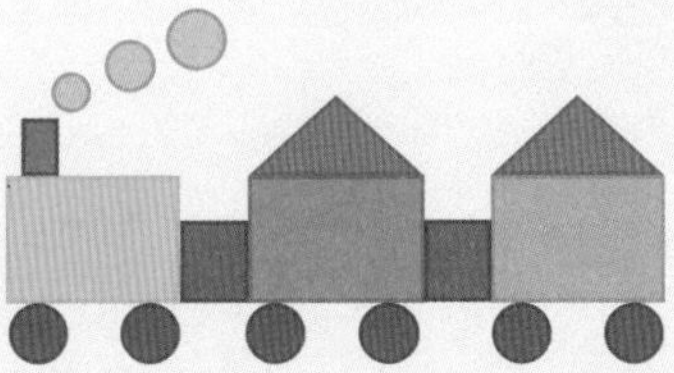

태주

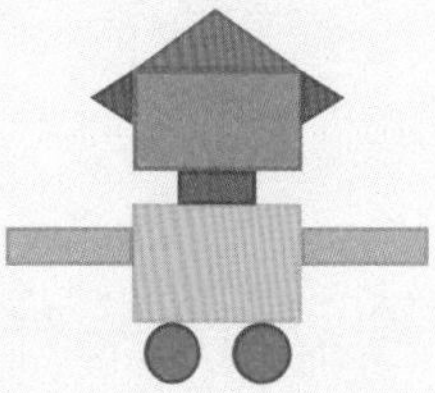

조건 뾰족한 곳이 4군데인 모양: (■ , ▲ , ●)

풀이 이랑이가 사용한 뾰족한 곳이 4군데인 모양의 수: □ 개

태주가 사용한 뾰족한 곳이 4군데인 모양의 수: □ 개

답 **뾰족한 곳이 4군데인 모양을**
더 많이 사용해서 모양을 만든 사람은 ＿＿＿＿ 입니다.

6 윤희가 규칙을 정해 무늬를 꾸민 포장지입니다. 규칙에 따라 포장지의 모양을 완성할 때 빈칸에 알맞은 모양을 그리고 색칠해 보세요.

◆	■	●	◆	■	●	◆	■	●		
●	◆	■	●	◆	■	●	◆	■		

답

조건 반복되는 모양을 찾아 표시하세요.

풀이 ● 모양 다음에 놓이는 모양: (● , ■ , ◆)

■ 모양 다음에 놓이는 모양: (● , ■ , ◆)

◆ 모양 다음에 놓이는 모양: (● , ■ , ◆)

09 마무리 평가

왼쪽 그림과 같은 모양의 물건을 찾아 ○표 하세요.

1. 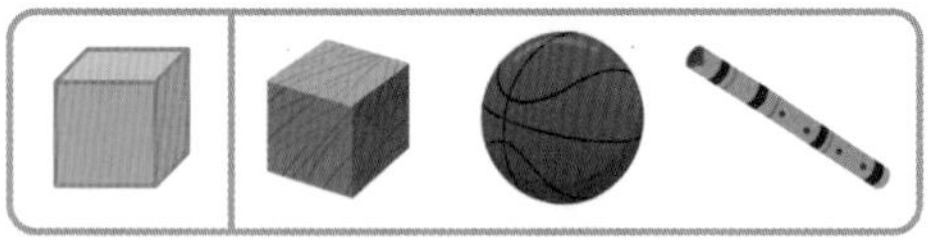

2. 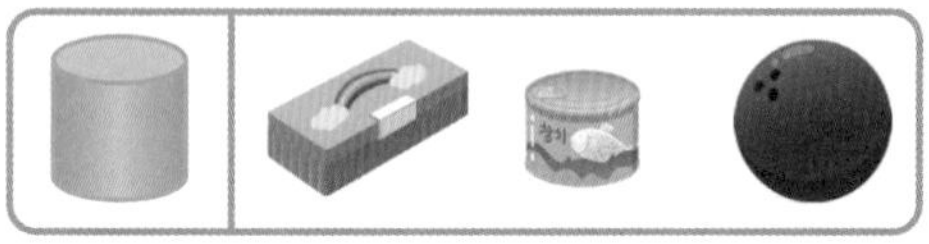

3. 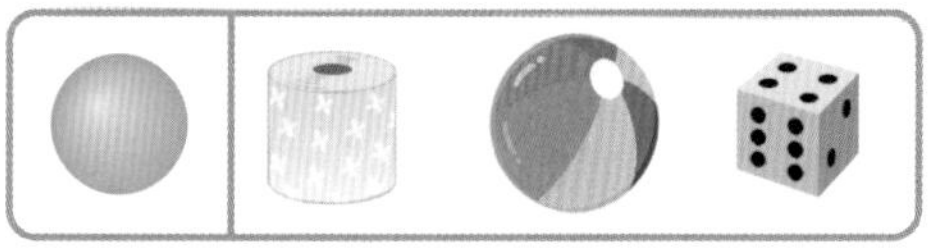

4. 모양에 알맞은 물건을 찾아 선으로 이으세요.

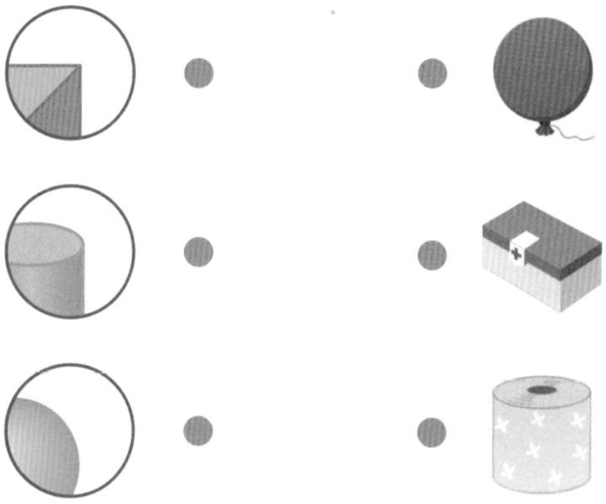

그림을 보고 물음에 답하세요.

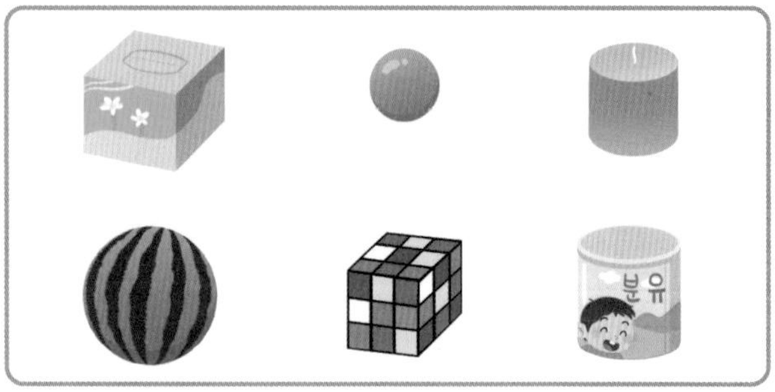

5. 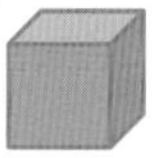 모양: ☐ 개

6.  모양: ☐ 개

7.  모양: ☐ 개

다음 모양을 만드는데 사용한 모양에 모두 ○표 하세요.

8. 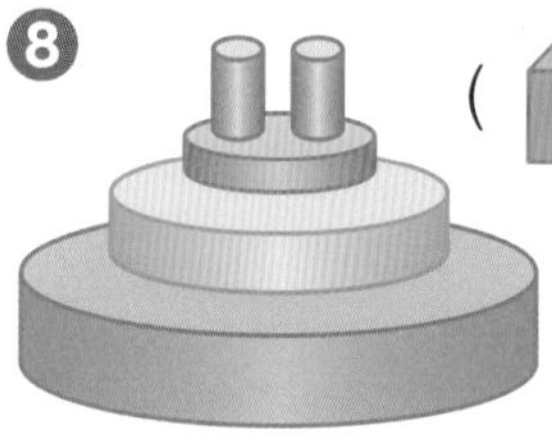 (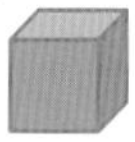 ,  , )

9.  (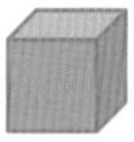 ,  , )

왼쪽 그림과 같은 모양의 물건을 찾아 ○표 하세요.

⑩

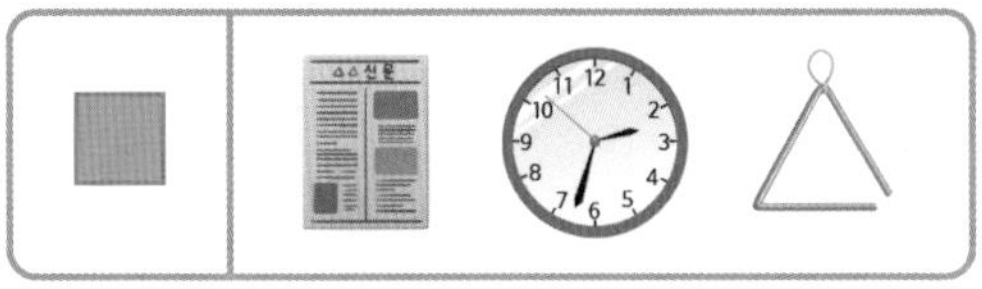

⑪

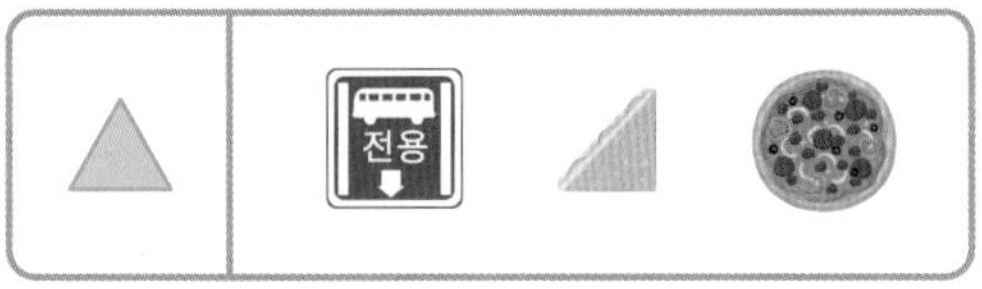

⑫

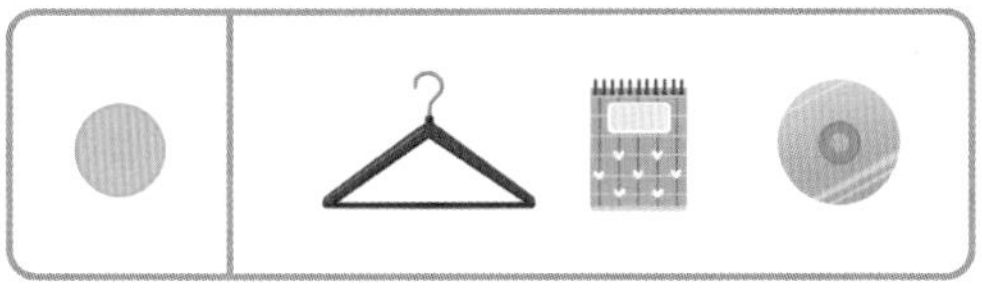

⑬ 본뜬 모양을 찾아 선으로 이으세요.

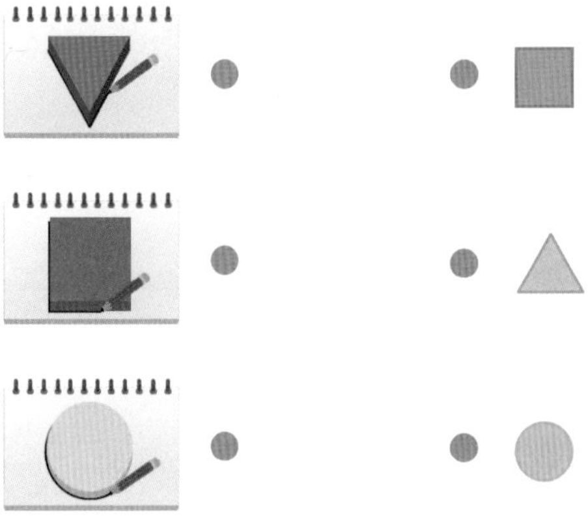

그림을 보고 물음에 답하세요.

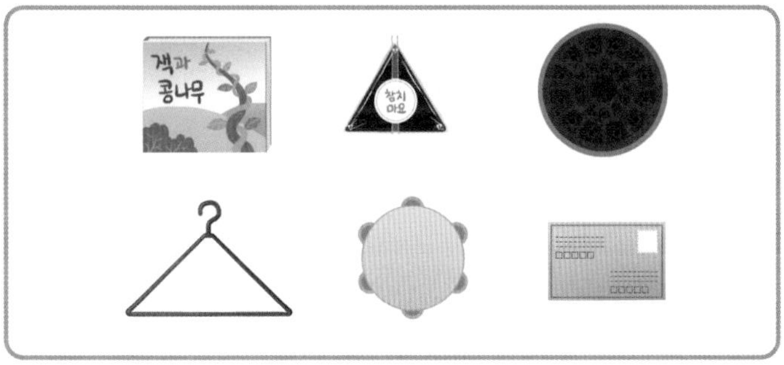

⑭ 모양: ( ) 개

⑮ 모양: ( ) 개

⑯ 모양: ( ) 개

다음 모양을 만드는 데 가장 많이 사용한 모양에 ○표 하세요.

⑰

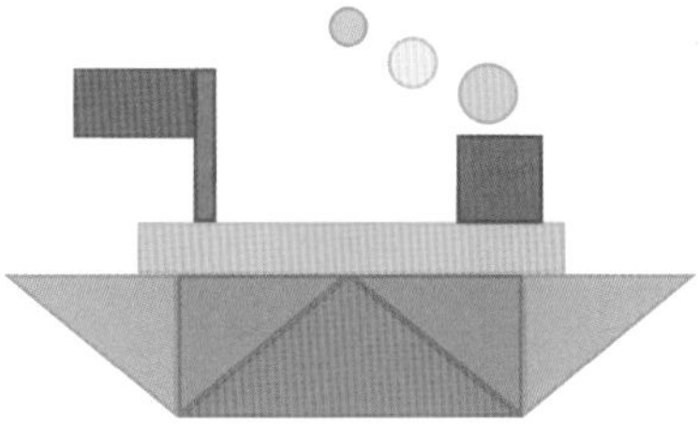

(, ,)

⑱

(, ,)

한눈에 보는 개념 노트

1 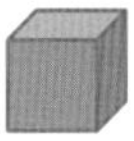 모양,  모양,  모양 찾아보기

- 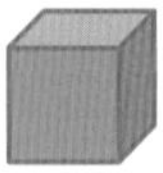 모양 → 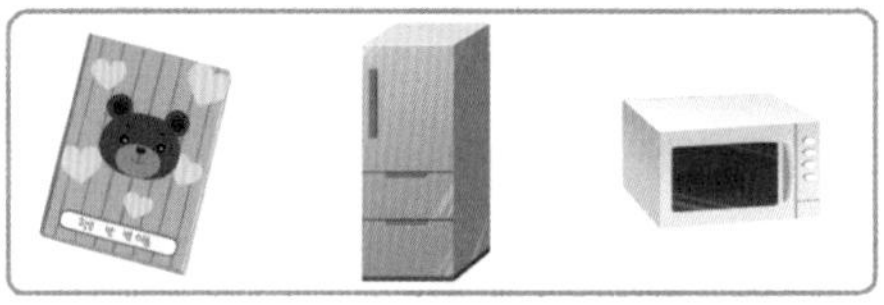
-  모양 → 
-  모양 → 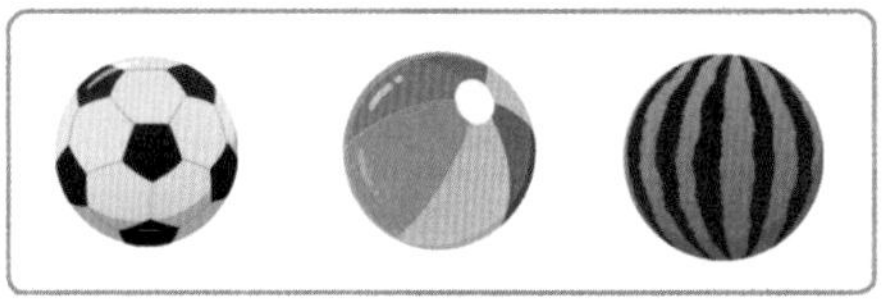

2 상자 모양, 둥근기둥 모양, 공 모양의 특징

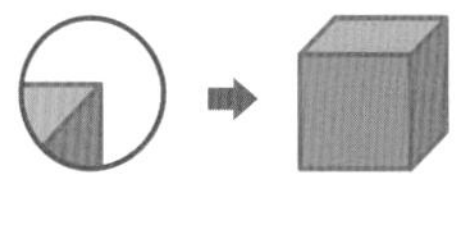	■ 평평한 부분과 뾰족한 부분이 있습니다. ■ 잘 쌓을 수 있습니다. ■ 잘 굴러가지 않습니다.
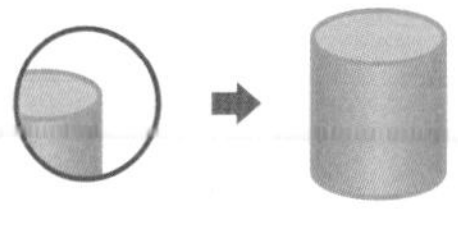	■ 평평한 부분과 둥근 부분이 있습니다. ■ 세우면 잘 쌓을 수 있습니다. ■ 눕히면 잘 굴러갑니다.
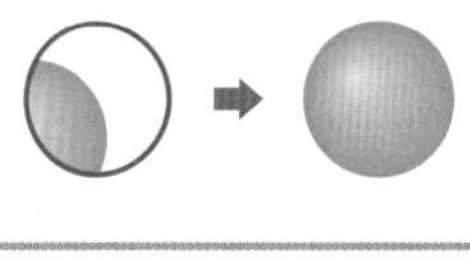	■ 모든 부분이 둥급니다. ■ 잘 쌓을 수 없습니다. ■ 어느 방향으로든 잘 굴러갑니다.

물건을 본떠 그려 보면
모양을 찾을 수 있어!

3 ■ 모양, ▲ 모양, ● 모양 찾아보기

- ■ 모양 →

스케치북
엽서

- ▲ 모양 →

- ● 모양 →

백 원

4 네모 모양, 세모 모양, 동그라미 모양의 특징

- ■ 모양 → 뾰족한 곳이 4군데입니다.
- ▲ 모양 → 뾰족한 곳이 3군데입니다.
- ● 모양 → 뾰족한 곳이 없고 둥근 부분이 있습니다.

5 여러 가지 모양 만들기

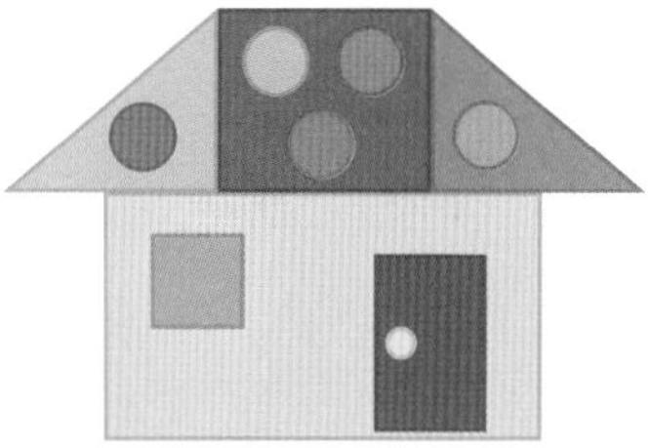

→ 모양의 특징을 이용해서 여러 가지 모양을 만들 수 있습니다.

2. 비교와 분류

지도 가이드

비교하기 1학년 1학기

1. 길이를 비교하여 '길다, 짧다'로 나타냅니다.
2. 무게를 비교하여 '무겁다, 가볍다'로 나타냅니다.
3. 넓이를 비교하여 '넓다, 좁다'로 나타냅니다.
4. 들이를 비교하여 '많다, 적다'로 나타냅니다.

분류하기 2학년 1학기

1. 기준을 정해 분류하고 분류한 것을 세어 결과를 말할 수 있습니다.

학습 계획표

번호	쪽수	공부한 날	성취도
01	46~49쪽	월 일	☺ 😐 ☹
02	50~53쪽	월 일	☺ 😐 ☹
03	54~57쪽	월 일	☺ 😐 ☹
04	58~61쪽	월 일	☺ 😐 ☹
05	62~65쪽	월 일	☺ 😐 ☹
06	66~69쪽	월 일	☺ 😐 ☹
07	70~73쪽	월 일	☺ 😐 ☹
08	74~77쪽	월 일	☺ 😐 ☹
09	78~81쪽	월 일	☺ 😐 ☹
10	82~83쪽	월 일	☺ 😐 ☹

01 길이 비교하기

학습목표
- 두 사물의 길이를 비교해서 '더 길다, 더 짧다'로 나타낼 수 있어요.
- 여러 사물의 길이를 비교해서 '가장 길다', '가장 짧다'로 나타낼 수 있어요.

물건의 한쪽 끝을 맞추었을 때 다른 쪽 끝이 더 많이 나갈수록 더 길어요.

(길이 비교)

한쪽 끝을 맞추고 같은 방향으로 곧게 놓아 비교합니다.

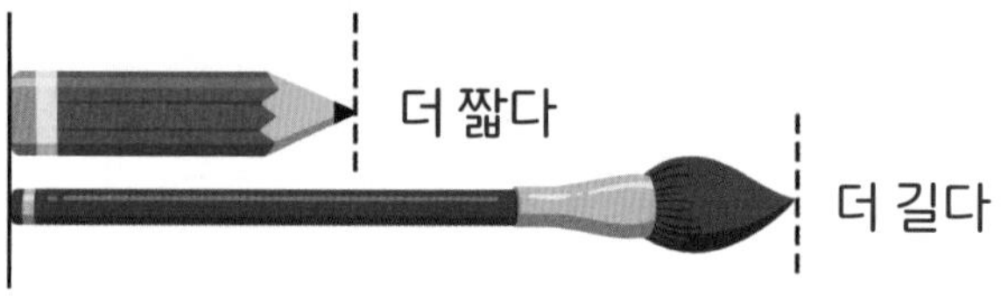

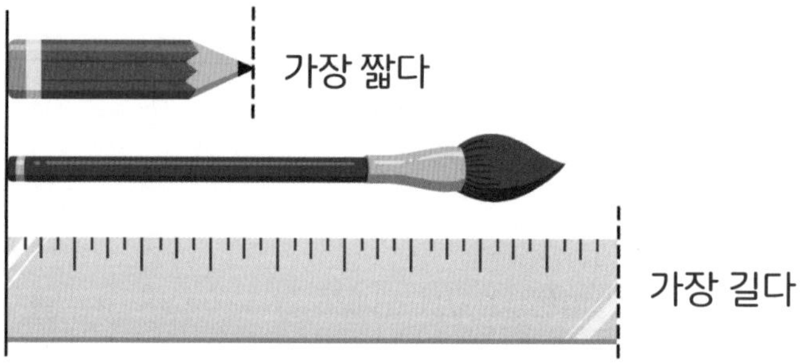

(높이 비교)

아래쪽을 맞추었을 때 위쪽을 비교합니다.

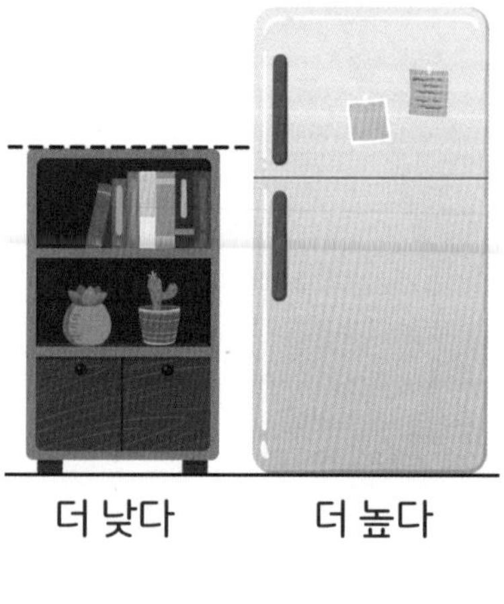

(키 비교)

발바닥 높이를 맞추었을 때 위쪽을 비교합니다.

문 제 로 개 념 을 확 인 해 요

표시하기

길이를 비교해서 알맞은 쪽에 ○표 하세요.

더 긴 쪽

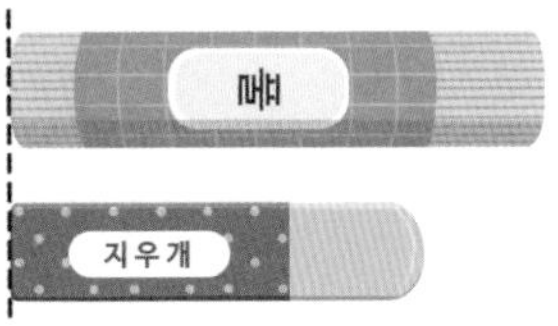

(   )
(   )

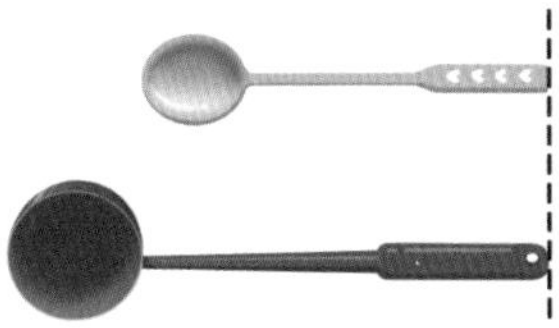

(   )
(   )

더 낮은 쪽

(   ) (   )

(   ) (   )

더 큰 쪽

(   ) (   )

(   ) (   )

문제로 개념을 확인해요

색칠하기

그림을 보고 알맞은 말에 색칠하세요.

왼쪽 끝을
맞췄으니
오늘쪽을 비교해 봐.

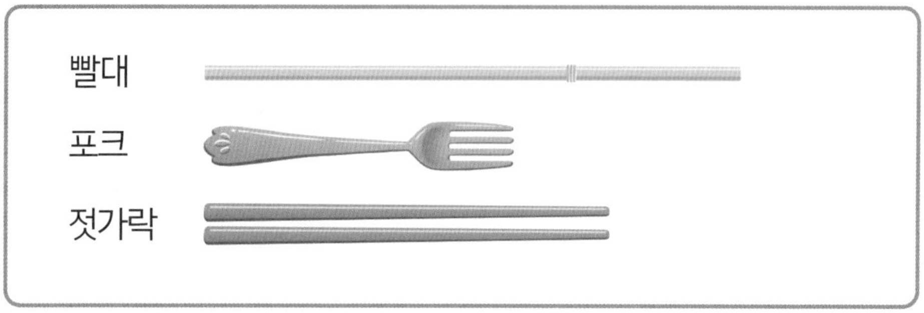
빨대
포크
젓가락

젓가락은 [빨대] [포크] 보다 더 짧습니다.

젓가락은 포크보다 더 [깁니다] [짧습니다].

가장 긴 것은 [빨대] [포크] [젓가락] 입니다.

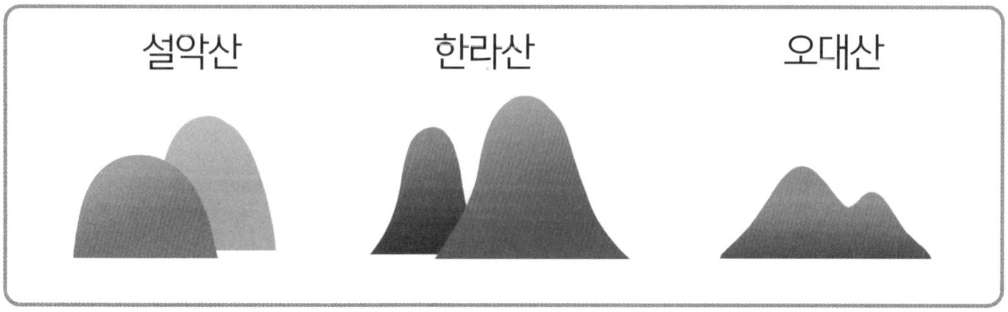
설악산
한라산
오대산

설악산은 [한라산] [오대산] 보다 더 낮습니다.

설악산은 오대산보다 더 [높습니다] [낮습니다].

가장 낮은 산은 [설악산] [한라산] [오대산] 입니다.

아래쪽이 맞춰졌으니
위쪽을 비교해 봐.

정답 91쪽

문제로 개념을 확인해요

선 잇기

길이를 비교해서 알맞은 것끼리 연결하세요.

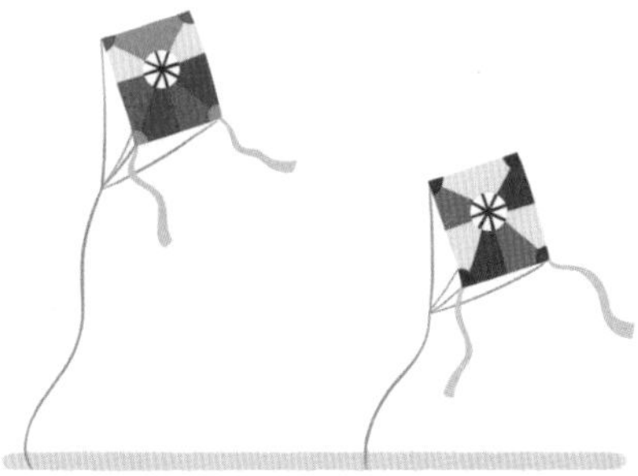

더 낮습니다 / 더 높습니다

더 큽니다 / 더 작습니다

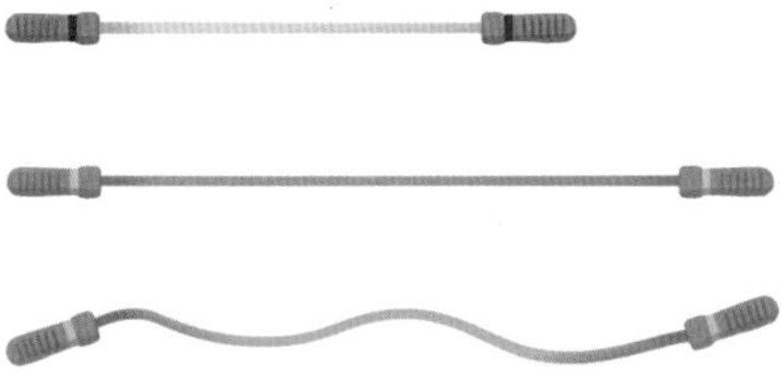

가장 깁니다 / 가장 짧습니다

가장 낮습니다 / 가장 높습니다

가장 큽니다 / 가장 작습니다

02 무게 비교하기

학습목표
- 두 사물의 무게를 비교해서 '더 무겁다, 더 가볍다'로 나타낼 수 있어요.
- 여러 사물의 무게를 비교해서 '가장 무겁다', '가장 가볍다'로 나타낼 수 있어요.

손으로 들어 보았을때 힘이 더 드는 것이 더 무거워.

더 가볍다
더 무겁다

더 가볍다
더 무겁다

시소는 올라간쪽이 더 무거워!

민주
재연

재연이는 민주보다 무겁습니다.

재연
호영

재연이는 호영이보다 가볍습니다.

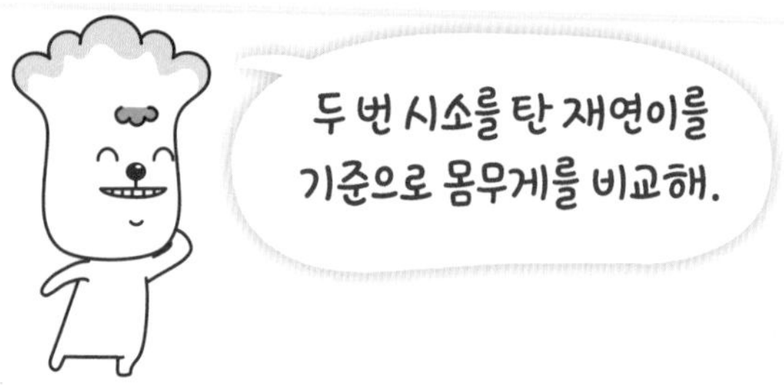
두 번 시소를 탄 재연이를 기준으로 몸무게를 비교해.

→ 가장 무거운 사람은 호영입니다.
가장 가벼운 사람은 민주입니다.

문제로 개념을 확인해요

표시하기

물건의 무게를 비교해서 알맞은 쪽에 ○표 하세요.

더 무거운 쪽

(　　)

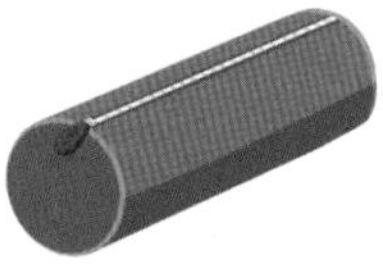
(　　)

(　　)

(　　)

(　　)

(　　)

(　　)

(　　)

더 가벼운 쪽

(　　)

(　　)

(　　)

(　　)

(　　)

(　　)

(　　)

(　　)

문제로 개념을 확인해요

색칠하기

그림을 보고 알맞은 말에 색칠하세요.

내가 들었다고
생각해 봐!

들어 보았을 때 가장 힘이 드는 것은 (케이크 | 햄버거 | 사탕) 입니다.

가장 무거운 것은 (케이크 | 햄버거 | 사탕) 입니다.

가장 가벼운 것은 (고추 | 무 | 당근) 입니다.

가장 무거운 것은 (멜론 | 오렌지 | 체리) 입니다.

가장 가벼운 것은 (골프공 | 테니스공 | 탁구공) 입니다.

 정답 91쪽

문제로 개념을 확인해요

선 잇기

무게를 비교해서 알맞은 것끼리 연결하세요.

더 가볍습니다 | 더 무겁습니다

더 가볍습니다 | 더 무겁습니다

더 가볍습니다 | 더 무겁습니다

더 가볍습니다 | 더 무겁습니다

가장 가볍습니다 | 가장 무겁습니다

교과서 개념을 배워요

03 넓이 비교하기

학습목표
- 두 사물의 넓이를 비교해서 '더 넓다, 더 좁다'로 나타낼 수 있어요.
- 여러 사물의 넓이를 비교해서 '가장 넓다', '가장 좁다'로 나타낼 수 있어요.

겹쳐 보면 남는 부분이
있는 쪽이 있어.

겹쳐 보았을 때 남는 부분이 있는 쪽이 더 넓어요.

종합장
종합장

더 넓다 더 좁다

교통카드
교통카드

가장 좁다 가장 넓다

개념 문제

물건의 넓이를 비교해서 알맞은 말에 ○표 하세요.

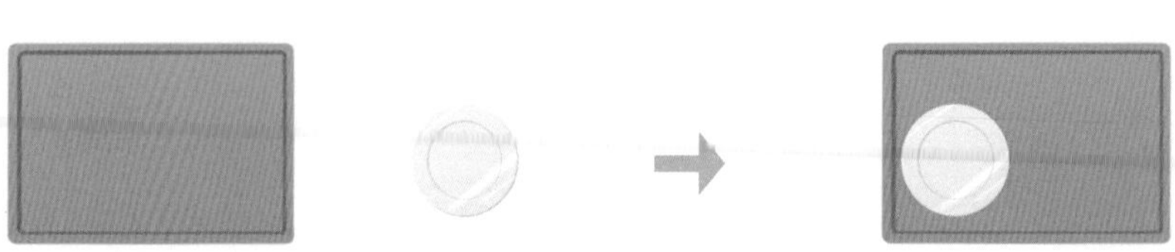

겹쳐 보았을 때 남는 부분이 없는 것은 (접시 , 쟁반)입니다.

접시는 쟁반보다 더(넓습니다 , 좁습니다).

문제로 개념을 확인해요

표시하기

물건의 넓이를 비교해서 알맞은 쪽에 ○표 하세요.

더 좁은 쪽

(　　) (　　)

(　　) (　　)

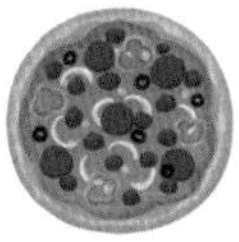

(　　) (　　)

(　　) (　　)

더 넓은 쪽

(　　) (　　)

(　　) (　　)

(　　) (　　)

(　　) (　　)

정답 91쪽

문 제 로 개 념 을 확 인 해 요

색칠 하기

그림을 보고 가장 넓은 것에 파란색, 가장 좁은 것에 빨간색으로 색칠하세요.

그림을 겹쳐 보았다고 생각해 봐!

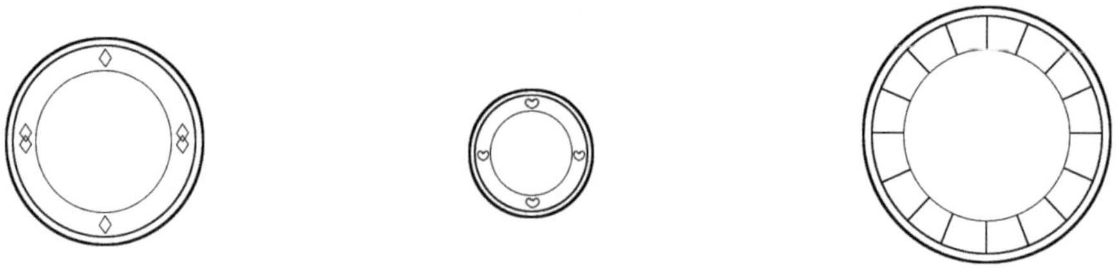

정답 91쪽

문 제 로 개 념 을 확 인 해 요

선 잇기

넓이를 비교해서 알맞은 것끼리 연결하세요.

더 넓습니다 | 더 좁습니다

더 넓습니다 | 더 좁습니다

 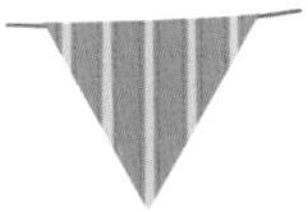

더 넓습니다 | 더 좁습니다

 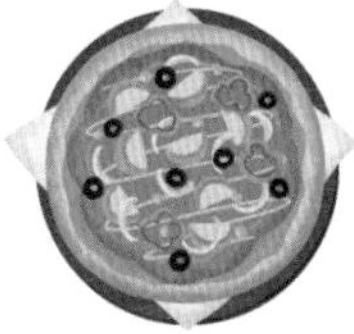

더 넓습니다 | 더 좁습니다

가장 넓습니다 | 가장 좁습니다

교과서 개념을 배워요

04 들이 비교하기

학습목표
- 담을 수 있는 양을 말하는 들이를 비교할 때는 '더 많다', '더 적다'로 나타낼 수 있어요.
- 여러 양의 들이를 비교할 때는 '가장 많다', '가장 적다'로 나타낼 수 있어요.

같은 크기의 작은 그릇에 옮겨 담아 비교할 수 있어.

똑같은 그릇에 옮겨 담았을 때 더 많은 수의 그릇을 채울 수 있는 쪽이 더 많아요.

담을 수 있는 물의 양 비교

더 적다

더 많다

가장 적다 가장 많다

똑같은 그릇에 담긴 경우

담긴 물의 높이를 비교합니다.

더 적다 더 많다

담긴 물의 높이가 같은 경우

그릇의 크기를 비교합니다.

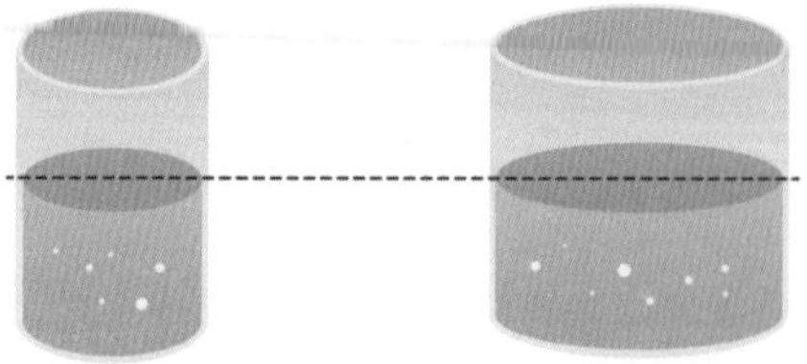

더 적다 더 많다

문제로 개념을 확인해요

표시하기

담을 수 있는 양을 비교해서 알맞은 쪽에 ○표 하세요.

더 많은 쪽

(　　) (　　)

(　　) (　　)

(　　) (　　)

(　　) (　　)

더 적은 쪽

(　　) (　　)

(　　) (　　)

(　　) (　　)

(　　) (　　)

문제로 개념을 확인해요

쓰기

그림을 보고 가장 많이 담긴 것부터 차례로 1, 2, 3을 쓰세요.

그릇의 크기가 같으면
담긴 높이를 비교하면 돼!

담긴 높이가 같네!
그릇의 크기를
비교하라!

정답 92쪽

문제로 개념을 확인해요

선 잇기

들이를 비교해서 알맞은 것끼리 연결하세요.

더 적습니다　　더 많습니다

더 적습니다　　더 많습니다

더 적습니다　　더 많습니다

더 적습니다　　더 많습니다

가장 적습니다　　가장 많습니다

정답 92쪽

교과서 개념을 배워요

05 분명한 분류 기준으로 분류하기

학습목표
- 분류를 하기 위해 분명한 기준이 필요함을 알 수 있어요.

예쁜 꽃과 예쁘지 않은 꽃,
재미있는 책과 재미없는 책과 같은
것은 기준이 될 수 없어!

모양, 색깔, 크기 등 분명한 기준에 따라 나누는 것을 분류라고 해요.

분류할 때 기준 정하는 방법

- 분명한 기준을 정해서 누가 분류하더라도 같은 결과가 나올 수 있도록 해야 합니다.

개념문제

그림을 보고 분류 기준으로 알맞은 것에 ○표 하세요.

예쁜 옷과 예쁘지 않은 옷	위에 입는 옷과 아래에 입는 옷
(　　)	(○)
편한 옷과 불편한 옷	입고 싶은 옷과 입기 싫은 옷
(　　)	(　　)

문제로 개념을 확인해요

표시하기

그림을 보고 분류 기준으로 알맞은 것에 ○표, 알맞지 않은 것에 ×표 하세요.

무서운 것과 무섭지 않은 것 (　　)

땅에서 생활하는 것과 물에서 생활하는 것 (　　)

좋아하는 것과 좋아하지 않는 것 (　　)

귀여운 것과 귀엽지 않은 것 (　　)

다리가 있는 것과 없는 것 (　　)

누구나 같은 답을 할 수 있는 것이 기준이 될 수 있어.

문제로 개념을 확인해요

색칠하기

분류 기준으로 알맞은 것에 색칠하세요.

모양, 색깔, 개수 등
둘로 나누어지는
기준이 뭘까?

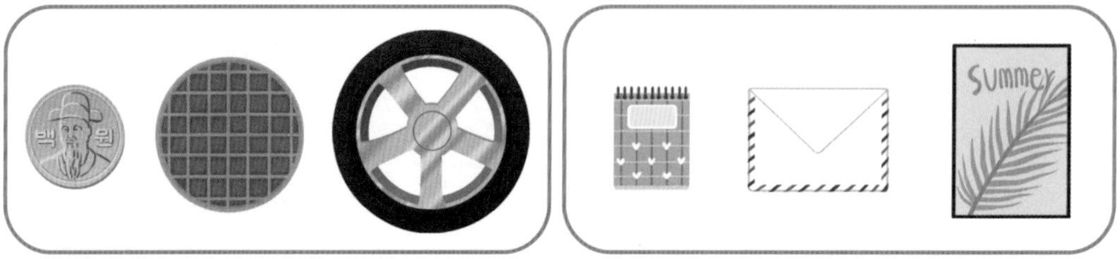
Summer

색깔 | 모양

바퀴 수 | 색깔

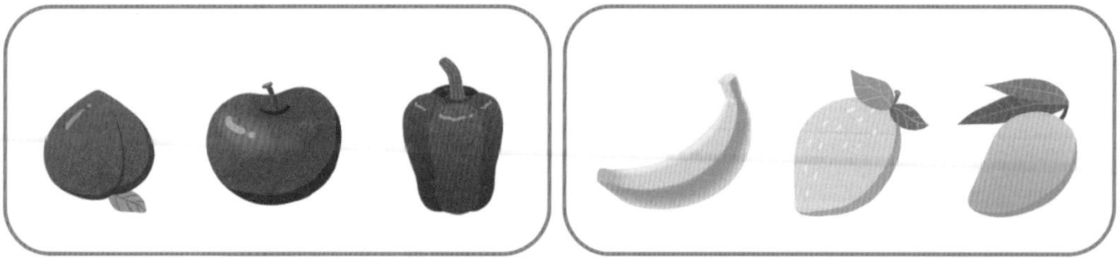

색깔 | 모양

 정답 92쪽

문 제 로 개 념 을 확 인 해 요

쓰기

어떻게 분류한 것인지 보기 에서 찾아 분류 기준을 쓰세요.

보기 | 용도 | 사용하는 계절 | 다리의 수

특징을 찾아서
분류 기준을 정해.

분류 기준 (   )

분류 기준 (   )

분류 기준 (   )

교과서 개념을 배워요

06 정해진 기준에 따라 분류하기

학습목표
- 분류할 때 기준은 여러 가지가 될 수 있어요.
- 크기, 색깔, 모양 등 주어진 기준에 따라 분류할 수 있어요.

모양과 색깔은 가장 기본적인 분류 기준이야!

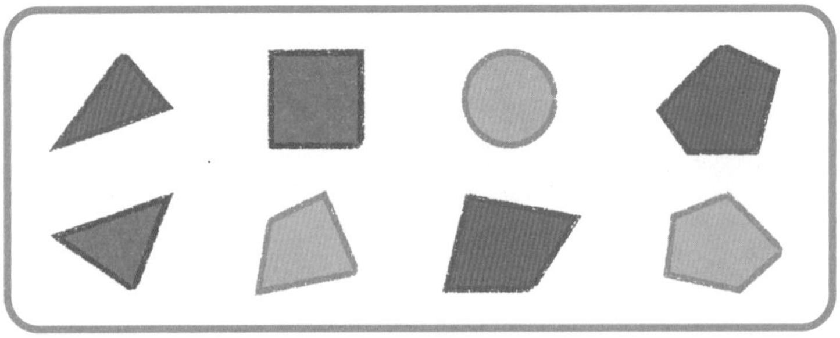

분류 기준: 모양

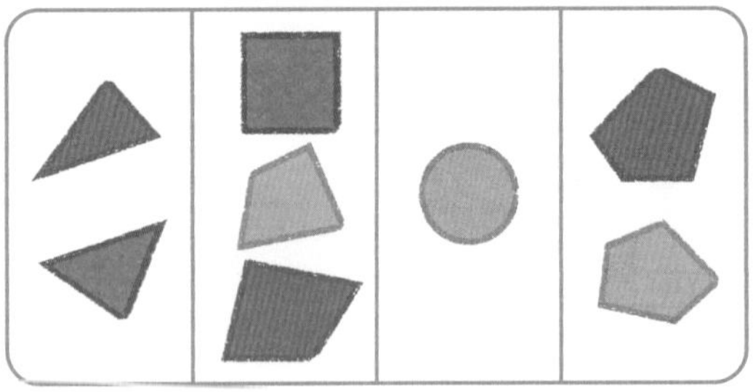

분류 기준: 색깔

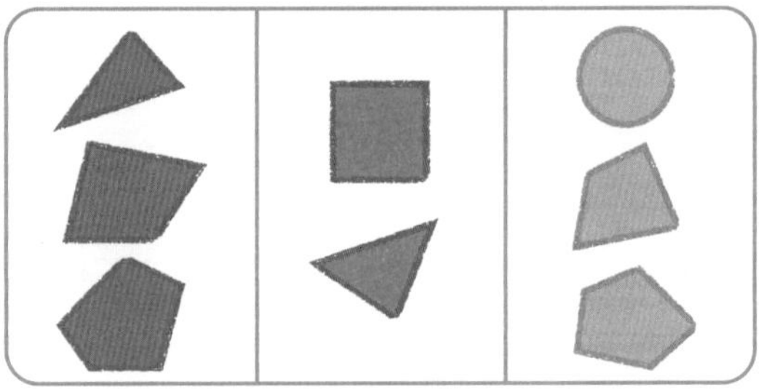

개념문제 기준에 따라 분류할 때 해당하는 기준과 동물을 선으로 연결하세요.

다리가 2개인 동물　　　다리가 4개인 동물

문제로 개념을 확인해요

쓰기

그림을 보고 주어진 기준에 따라 분류해 보세요.

축구 사이클 농구 태권도 야구 볼링 달리기

공을 사용하는 운동	
공을 사용하지 않는 운동	

단소 오카리나 기타 하프 트럼펫 리코더

줄을 튕겨서 소리는 내는 악기	
입으로 불어서 소리를 내는 악기	

정답 92쪽

문제로 개념을 확인해요

계산하기

주어진 모양을 색깔에 따라 분류할 때 쓰인 수의 합이 가장 큰 색깔을 쓰세요.

사탕 색	쓰인 수	수의 합
빨간색		
파란색		
노란색		

수의 합이 가장 큰 색깔은
(　　　　　　　)입니다.

사탕 색	쓰인 수	수의 합
빨간색		
주황색		
파란색		
노란색		

수의 합이 가장 작은 색깔은
(　　　　　　　)입니다.

 정답 92쪽

문 제 로 개 념 을 확 인 해 요

쓰기

단추를 보고 여러 기준으로 분류해 번호를 쓰세요.

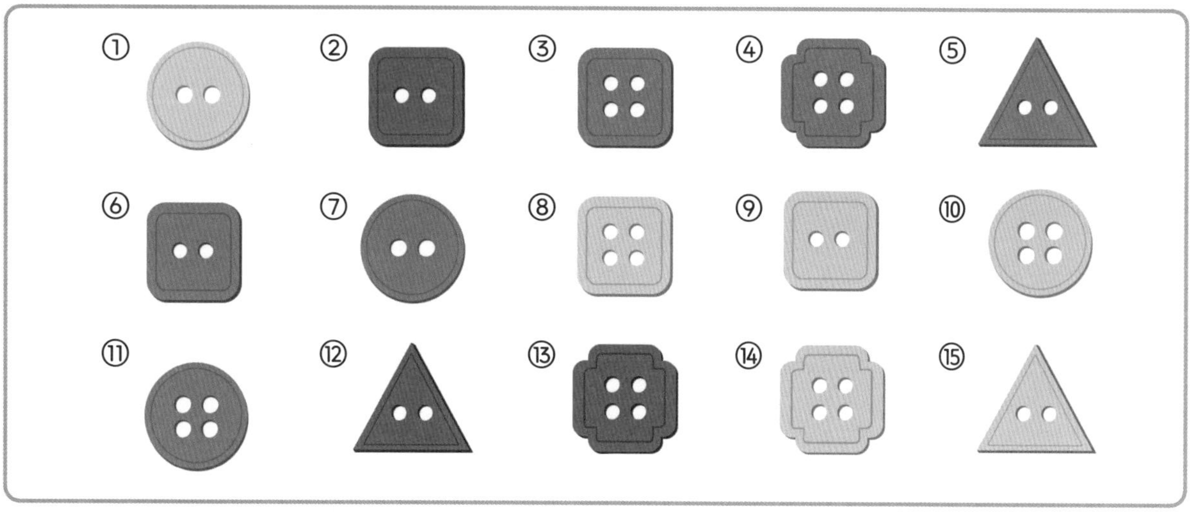

분류 기준: 단춧구멍의 수

구멍이 2개인 단추	
구멍이 4개인 단추	

분류 기준: 색깔

빨간색 단추	
노란색 단추	
파란색 단추	

분류 기준: 모양

□ 모양	
○ 모양	
△ 모양	
✚ 모양	

교과서 개념을 배워요

07 분류하여 세어 보기

학습목표
- 정해진 기준에 따라 분류하고 그 수를 세어 나타낼 수 있어요.
- 수를 세어 나타내면 분류한 내용을 비교하기 편리해요.

세면서 표시를 하면 두 번 세거나 빠뜨리고 세는 것을 피할 수 있어요.

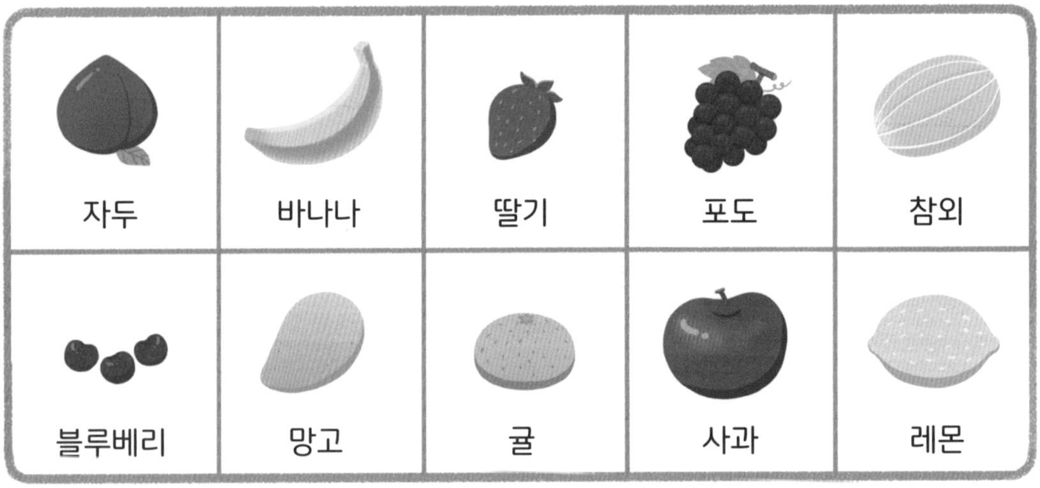

색깔	빨간색	노란색	보라색
과일의 이름	자두, 딸기, 사과	바나나, 참외, 망고, 귤, 레몬	포도, 블루베리
세면서 표시하기	///	𝍸	//
과일의 수(개)	3	5	2

하나씩 셀 때마다 /을 순서대로 표시하며
5개를 𝍸로 나타냅니다.

문제로 개념을 확인해요

쓰기

친구들이 좋아하는 계절을 조사하였습니다. 계절에 따라 분류하고 그 수를 세어 쓰세요.

어떤 계절을 몇 명이 좋아하는지 한눈에 알 수 있어.

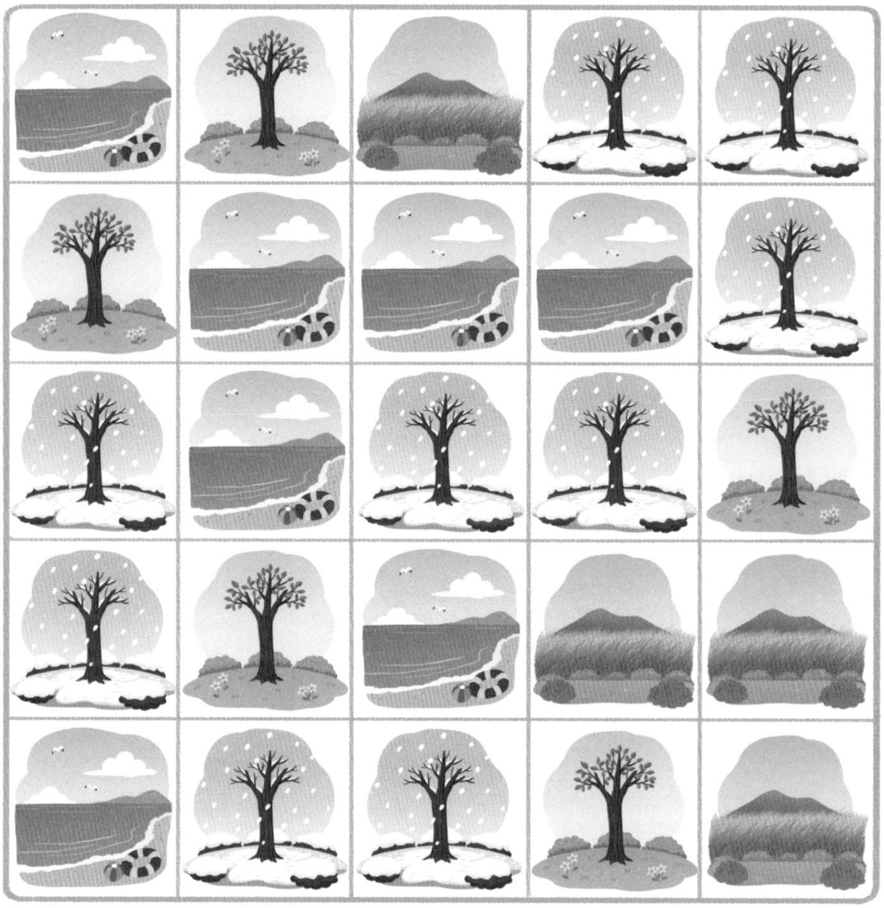

계절	봄	여름	가을	겨울
세면서 표시하기				
학생 수(명)				

정답 93쪽

문제로 개념을 확인해요

쓰기

주어진 기준에 따라 분류하고 그 수를 세어 쓰세요.

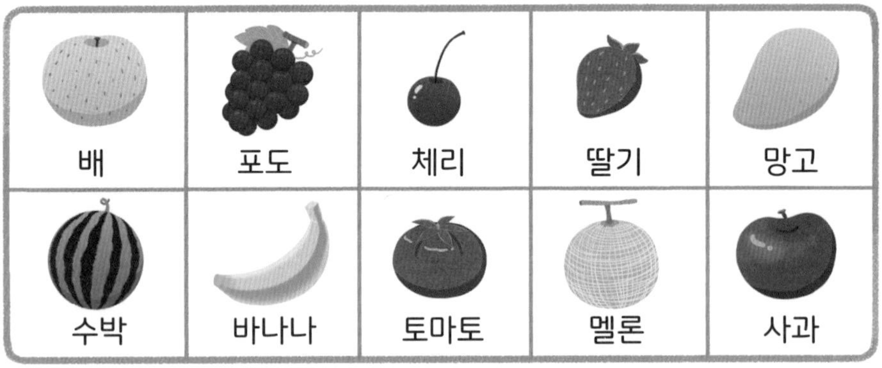

분류 기준: 색깔

색깔	노란색	빨간색	보라색	초록색
이름				
수(개)				

분류 기준: 다리 수

다리 수	없는 것	2개	4개	6개
이름				
수(마리)				

 정답 93쪽

문제로 개념을 확인해요

쓰기

주어진 기준에 따라 분류하고 그 수를 세어 쓰세요.

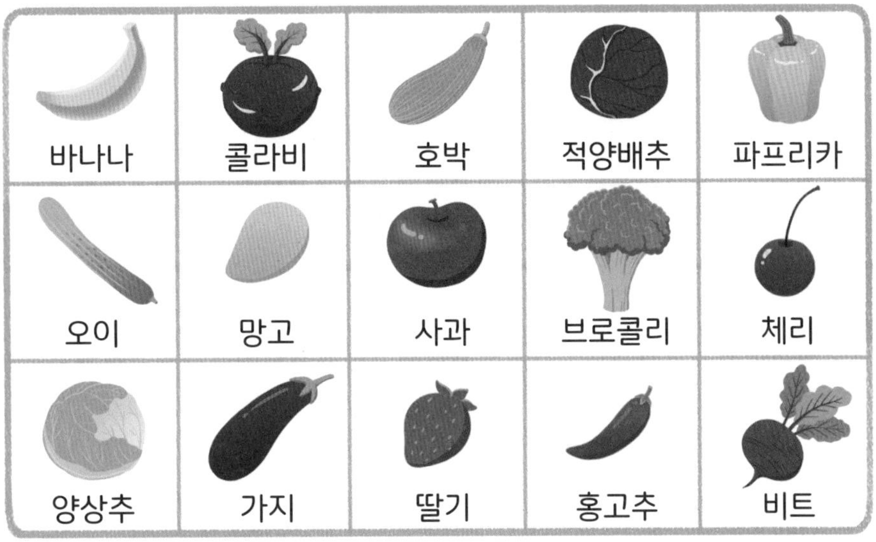

분류 기준: 종류

종류	채소	과일
이름		
수(개)		

분류 기준: 색깔

색깔	노란색	빨간색	보라색	초록색
이름				
수(개)				

교과서 개념을 배워요

08 분류한 결과 말해보기

학습목표
- 기준에 따라 분류하고, 수를 세어 나타낸 것을 표현할 수 있어요.
- 결과를 보고 어느 것이 많고, 적은지 한눈에 알 수 있어요.

친구들의 좋아하는 음식을
조사한 것을 보고
무엇을 알 수 있을까?

조사한 결과를 바탕으로 적합한 간식을 예상할 수 있어요.

친구들이 좋아하는 음식을 조사하여 그림으로 나타냈습니다.

음식	피자	햄버거	자장면	떡볶이
친구 수(명)	3	2	3	7

- 가장 많은 친구들이 좋아하는 음식은 떡볶이입니다.
- 가장 적은 친구들이 좋아하는 음식은 햄버거입니다.
- 친구들의 간식으로 떡볶이를 준비하는 것이 가장 좋겠습니다.

문 제 로 개 념 을 확 인 해 요

쓰기

가 보고 싶은 체험 활동 장소에 따라 분류하고 그 수를 세어 보세요.

놀이공원	천문대	미술관	박물관	미술관
미술관	놀이공원	놀이공원	놀이공원	천문대
놀이공원	천문대	천문대	박물관	천문대
놀이공원	미술관	놀이공원	놀이공원	천문대

장소	놀이공원	천문대	미술관	박물관
학생 수(명)				

→ 가장 많은 학생이 가고 싶어 하는 곳은 ☐ 이고,

가장 적은 학생이 가고 싶어 하는 곳은 ☐ 입니다.

체험 학습을 ☐ (으)로 가면 좋겠습니다.

문제로 개념을 확인해요

쓰기

친구들이 좋아하는 운동을 조사하였습니다. 조사한 내용을 보고 물음에 답하세요.

정답 93쪽

문 제 로 개 념 을 확 인 해 요

쓰기

주어진 기준에 따라 분류하고 수를 세어 보세요.

운동	줄넘기	태권도	축구	수영	야구
세면서 표시하기					
학생 수(명)					

→ 가장 많은 학생이 좋아하는 운동은 [ ] 이고,

가장 적은 학생이 좋아하는 운동은 [ ] 입니다.

기준	공을 사용하는 운동	공을 사용하지 않는 운동
세면서 표시하기		
학생 수(명)		

→ 공을 사용하는 운동을 좋아하는 학생은 [ ] 명이고,

공을 사용하지 않는 운동을 좋아하는 학생은 [ ] 명입니다.

09 그림과 글로 배워요

1 민호, 연주, 지우가 둘씩 시소를 타고 있습니다. 세 사람의 무게를 비교해서 <u>가장 무거운 사람부터 순서대로 쓰세요.</u>

연주와 민호 중 더 가벼운 사람은 [   ] 입니다.

지우와 연주 중 더 가벼운 사람은 [   ] 입니다.

가장 가벼운 사람은 [   ] 입니다.

지우와 민호 중 더 무거운 사람은 [   ] 입니다.

무거운 사람부터 순서대로 이름을 써 보면 ______________ 입니다.

2 ○ 모양이면서 구멍이 4개 있는 단추는 모두 몇 개인지 구하세요.

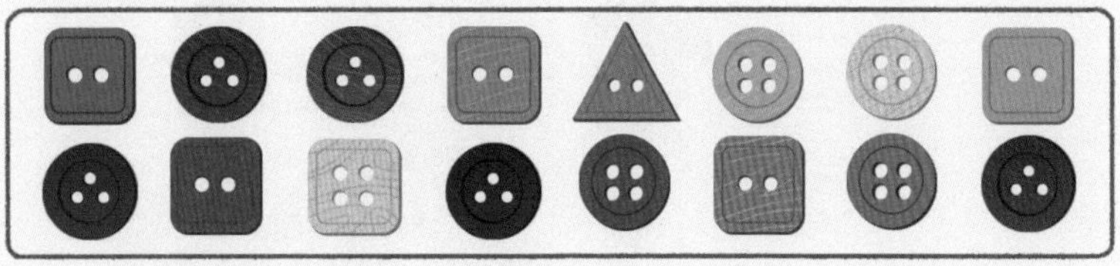

○ 모양인 단추에 ○표 해요.

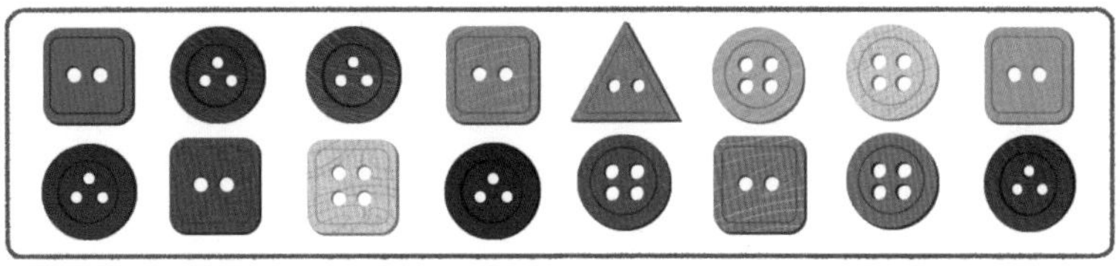

구멍의 수가 4개인 단추에 ○표 해요.

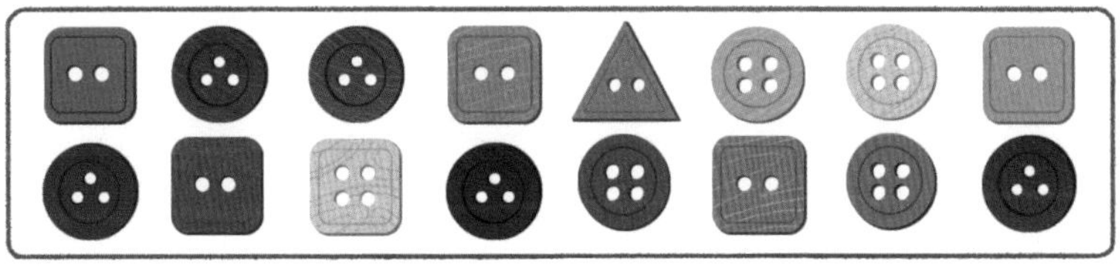

○ 모양이면서 구멍이 4개인 단추는 ______ 개입니다.

동시에 표시 한
단추를 세어 봐.

3 그림을 보고 키가 가장 큰 사람의 이름을 쓰세요.

조건 (1) 한쪽 끝이 맞춰진 곳은(머리쪽 , 발쪽)입니다.

(2) 서 있는 계단의 높이가(같습니다 , 다릅니다).

풀이 서 있는 계단의 높이가 낮은 순서대로 쓰면 ☐, ☐, ☐ 입니다.

답 **키가 가장 큰 사람은 ______ 입니다.**

4 똑같은 컵을 오른쪽과 같이 사용하여 비어 있는 세 그릇에 각각 물을 가득 채웠습니다. 물을 가장 많이 담을 수 있는 것은 어느 그릇인지 구하세요.

그릇	컵 수(개)
가	5
나	2
다	3

조건 (1) 가 그릇을 가득 채우기 위해 필요한 컵 수: ☐ 개

(2) 나 그릇을 가득 채우기 위해 필요한 컵 수: ☐ 개

(3) 다 그릇을 가득 채우기 위해 필요한 컵 수: ☐ 개

풀이 들이가 많은 그릇부터 써 보면 ☐, ☐, ☐ 입니다.

답 **물을 가장 많이 담을 수 있는 그릇은 ______ 입니다.**

5

진수는 오른쪽 그림과 같이 책을 분류하였습니다. 잘못 분류된 책의 제목은 무엇인지 찾아쓰세요.

조건 (1) 심청전, 콩쥐팥쥐, 선녀와 나무꾼, 흥부전은(전래동화 , 위인전)입니다.

(2) 이순신, 세종대왕, 에디슨은 (전래동화 , 위인전)입니다.

풀이 위의 책을 책의 종류에 따라 다시 분류해 보면 다음과 같습니다.

전래동화	
위인전	

답 **잘못 분류된 책의 제목은 ______ 입니다.**

6

친구들이 가고 싶어하는 나라를 조사하였습니다. 프랑스에 가고 싶어하는 친구는 호주에 가고 싶어하는 친구보다 몇 명 더 많은지 구하세요.

조건

나라	미국	프랑스	호주	일본
친구 수(명)				

풀이 프랑스에 가고 싶어하는 친구 수: ☐ 명, 호주에 가고 싶어하는 친구 수: ☐ 명

답 **프랑스에 가고 싶어하는 친구는 호주에 가고 싶어하는 친구보다 ______ 명 더 많습니다.**

정답 94쪽

10 마무리 평가

두 물건을 비교해서 알맞은 그림에 ○표 하세요.

❶ 더 짧은 쪽

❷ 더 무거운 쪽

❸ 더 낮은 쪽

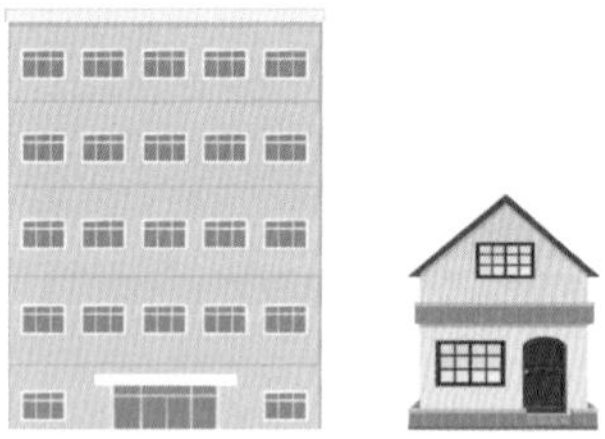

❹ 더 큰 쪽

❺ 더 넓은 쪽

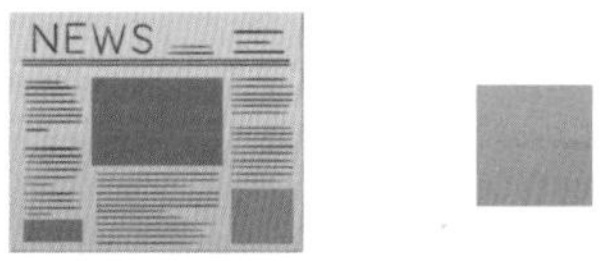

❻ 더 많은 쪽

❼ 가장 작은 쪽

❽ 가장 가벼운 쪽

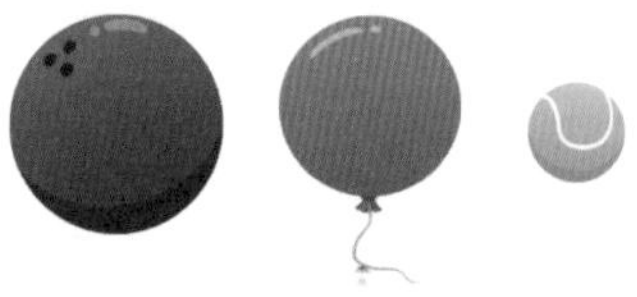

정답 94쪽

표준 시간	맞힌 개수
20분	개

분류 기준으로 알맞은 것에 ○표, 알맞지 않은 것에 ×표 하세요.

⑨ 좋아하는 것과 좋아하지 않는 것 (　　　　)

⑩ 바퀴가 2개인 것과 바퀴가 4개인 것 (　　　　)

⑪ 재미있는 것과 재미없는 것 (　　　　)

그림을 보고 물음에 답하세요.

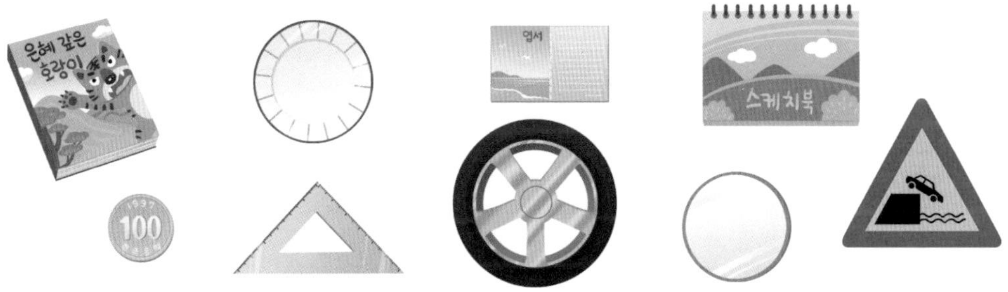

⑫ 모양에 따라 분류하고 그 수를 세어 쓰세요.

모양	○	△	□
세면서 표시하기			
물건 수(개)			

⑬ 가장 많은 수의 물건의 모양은(○ , △ , □)입니다.

⑭ 가장 적은 수의 물건의 모양은(○ , △ , □)입니다.

한눈에 보는 개념 노트

1 길이 비교

더 길다

더 짧다

더 낮다 더 높다 더 작다 더 크다

무게 비교

더 가볍다 더 무겁다

넓이 비교

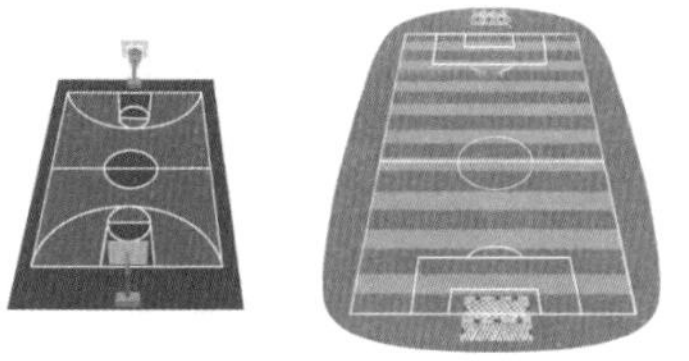

더 좁다 더 넓다

들이 비교

더 적다 더 많다

두 사물을 비교할 때는 '더',
여러 사물을 비교할 때는 '가장'을
사용해서 나타냅니다.

2

분류하기

분류 기준은
누가 분류하더라도
같은 결과가 나올 수 있는
기준이어야 해!

무서운 동물과 무섭지 않은 동물은 사람마다 달라지므로 분류의 기준이 될 수 없어요.
여러 가지 기준으로 분류를 할 수 있어요.

분류 기준: 번식 방법

알을 낳는 동물	새끼를 낳는 동물
비둘기, 앵무새, 나비, 개미, 타조, 벌	고래, 다람쥐, 하마

분류 기준: 다리 수

다리 수	없는 것	2개	4개	6개
세면서 표시하기	/	///	//	///
동물 수(마리)	1	3	2	3

분류 기준: 활동하는 곳

활동하는 곳	땅	하늘	물
세면서 표시하기	///	////	//
동물 수(마리)	3	4	2

→ 활동하는 곳이 하늘인 동물이 가장 많고, 물인 동물이 가장 적습니다.

수학 퍼즐 맛보기

비교 변별

여러 가지 모양

아래의 다양한 모양을 세고 질문에 답하세요.

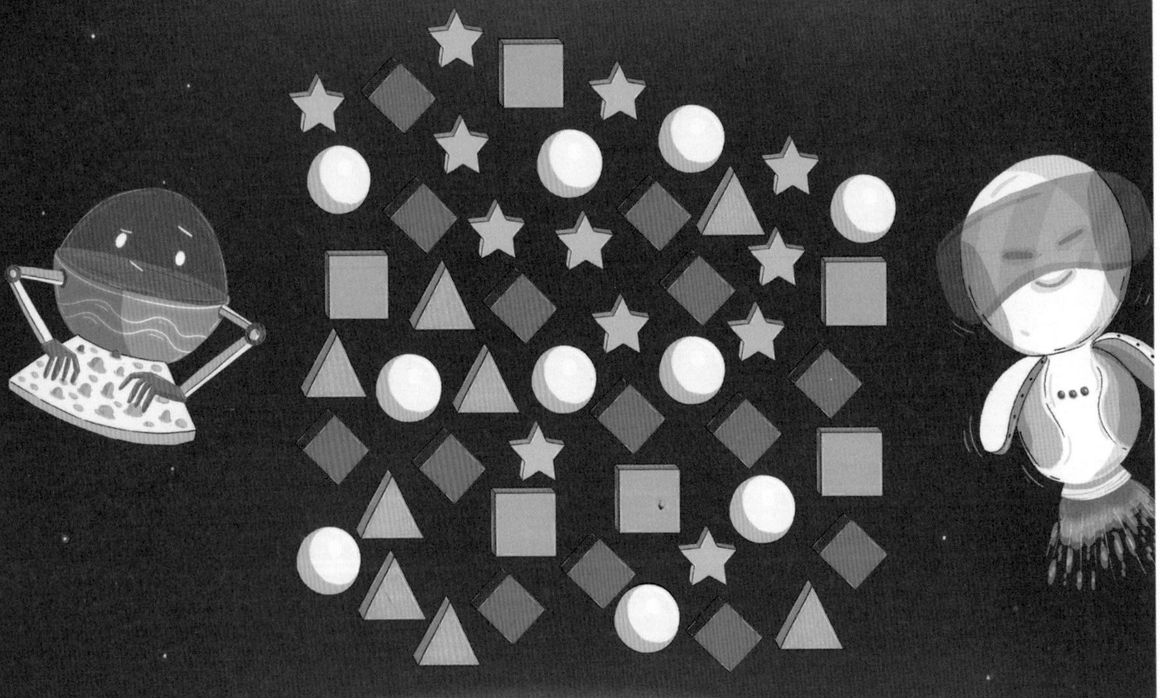

1. 공 모양은 몇 개인가요?
2. 빨간색 모양은 몇 개인가요?
3. 별 모양을 2배 하면 모두 몇 개가 될까요?

해답

1. 공 모양은 10개예요.
2. 빨간색 모양은 14개예요.
3. 별 모양은 12개이므로 2배 하면 12 × 2 = 24(개)가 돼요.

브레인알파 「수학 퍼즐」 교재 내용입니다.

정답

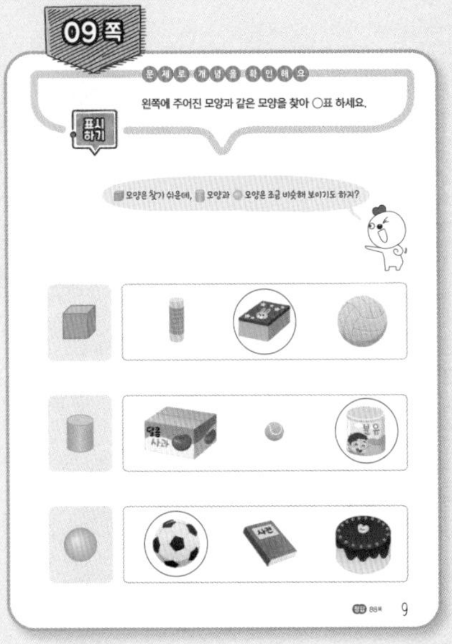

09쪽

문제로 개념을 확인해요

표시하기 왼쪽에 주어진 모양과 같은 모양을 찾아 ○표 하세요.

9

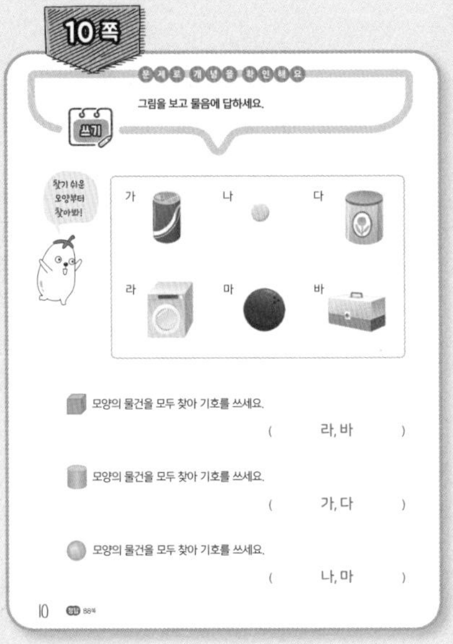

10쪽

문제로 개념을 확인해요

쓰기 그림을 보고 물음에 답하세요.

가 나 다 라 마 바

모양의 물건을 모두 찾아 기호를 쓰세요. (라, 바)

모양의 물건을 모두 찾아 기호를 쓰세요. (가, 다)

모양의 물건을 모두 찾아 기호를 쓰세요. (나, 마)

10

11쪽

문제로 개념을 확인해요

연결하기 길을 가다 마주친 물건과 같은 모양이 있는 쪽 길을 따라 가세요.

11

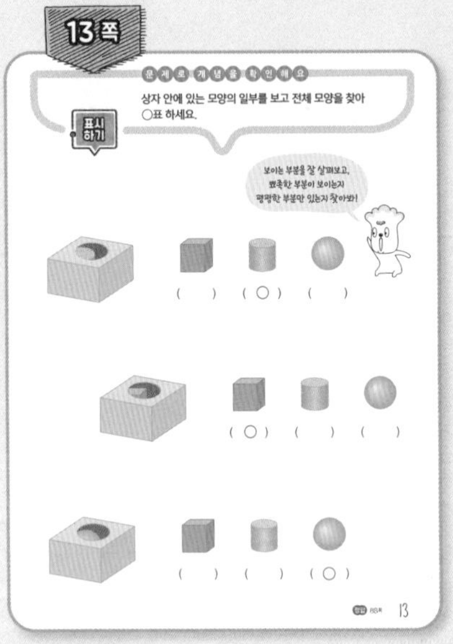

13쪽

문제로 개념을 확인해요

표시하기 상자 안에 있는 모양의 일부를 보고 전체 모양을 찾아 ○표 하세요.

( ) (○) ( )

(○) ( ) ( )

( ) ( ) (○)

13

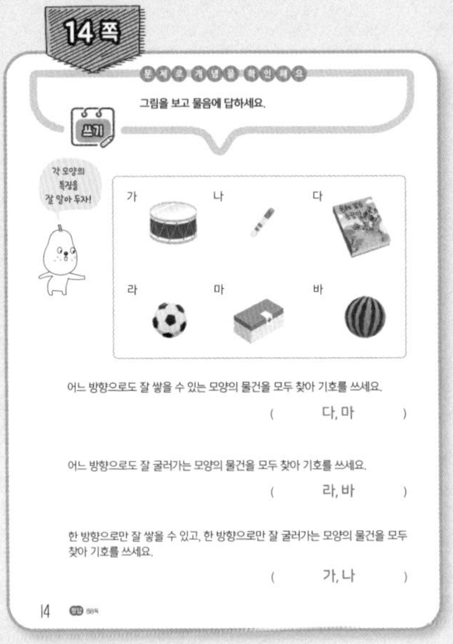

14쪽

문제로 개념을 확인해요

쓰기 그림을 보고 물음에 답하세요.

가 나 다 라 마 바

어느 방향으로도 잘 쌓을 수 있는 모양의 물건을 모두 찾아 기호를 쓰세요. (다, 마)

어느 방향으로도 잘 굴러가는 모양의 물건을 모두 찾아 기호를 쓰세요. (라, 바)

한 방향으로만 잘 쌓을 수 있고, 한 방향으로만 잘 굴러가는 모양의 물건을 모두 찾아 기호를 쓰세요. (가, 나)

14

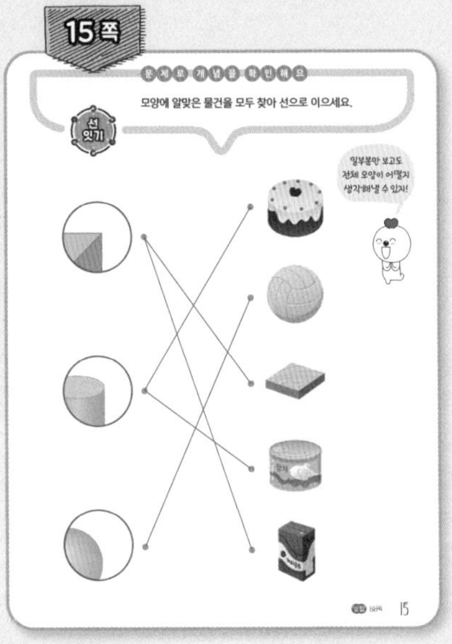

15쪽

문제로 개념을 확인해요

선잇기 모양에 알맞은 물건을 모두 찾아 선으로 이으세요.

15

17쪽

문제로 개념을 확인해요

표시하기 모양을 만드는 데 사용한 모양을 모두 찾아 ○표 하세요.

17

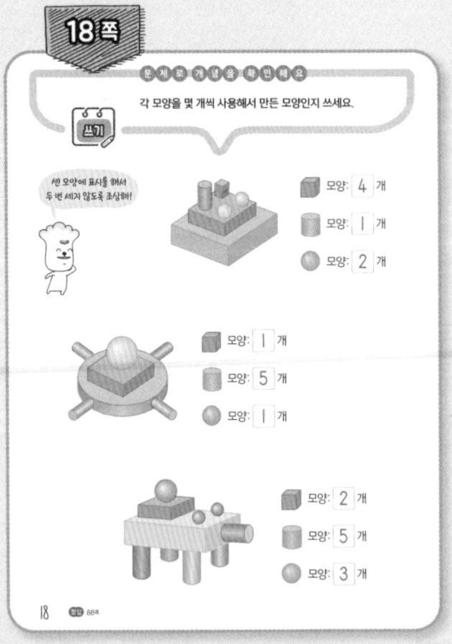

18쪽

문제로 개념을 확인해요

쓰기 각 모양을 몇 개씩 사용해서 만든 모양인지 쓰세요.

모양: 4 개
모양: 1 개
모양: 2 개

모양: 1 개
모양: 5 개
모양: 1 개

모양: 2 개
모양: 5 개
모양: 3 개

18

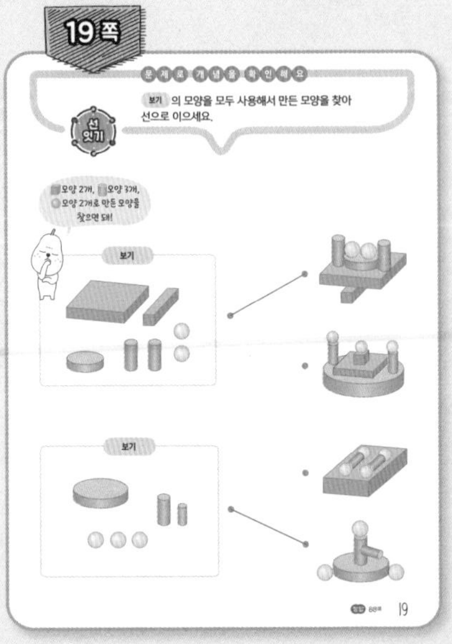

19쪽

문제로 개념을 확인해요

선잇기 보기 의 모양을 모두 사용해서 만든 모양을 찾아 선으로 이으세요.

보기

보기

19

21쪽

문제로 개념을 확인해요

그리기

왼쪽에 주어진 모양과 같은 모양을 찾아 그 모양을 따라 그리세요.

모양의 바깥쪽을 따라 그려 보면 모양을 찾기 쉬워~

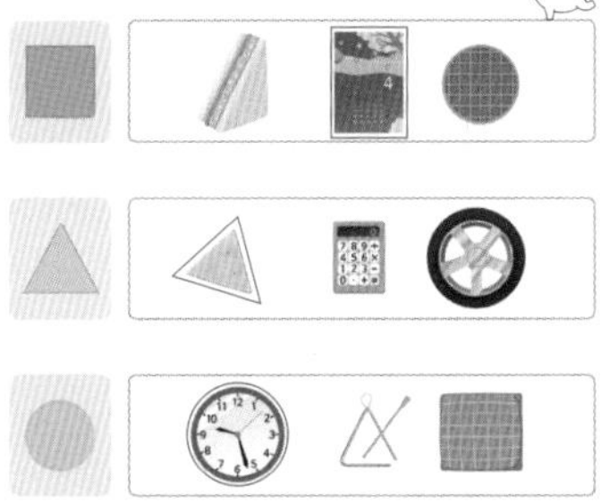

22쪽

문제로 개념을 확인해요

쓰기

그림을 보고 물음에 답하세요.

찾기 쉬운 모양부터 찾아봐!

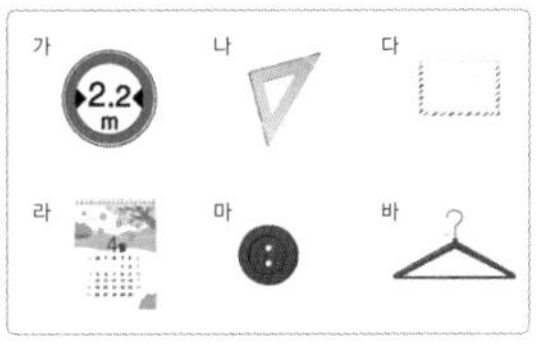

■ 모양을 찾을 수 있는 물건을 모두 찾아 기호를 쓰세요. (다, 라)

▲ 모양을 찾을 수 있는 물건을 모두 찾아 기호를 쓰세요. (나, 바)

● 모양을 찾을 수 있는 물건을 모두 찾아 기호를 쓰세요. (가, 마)

23쪽

문제로 개념을 확인해요

연결하기

길을 가다 마주친 물건과 같은 모양이 있는 쪽 길을 따라 가세요.

25쪽

문제로 개념을 확인해요

표시하기

모양의 일부를 보고 전체 모양을 찾아 ○표 하세요.

뾰족한 곳이 보이는지, 반듯한 선만 있는지, 꺾이는 부분이 없는지 찾아봐!

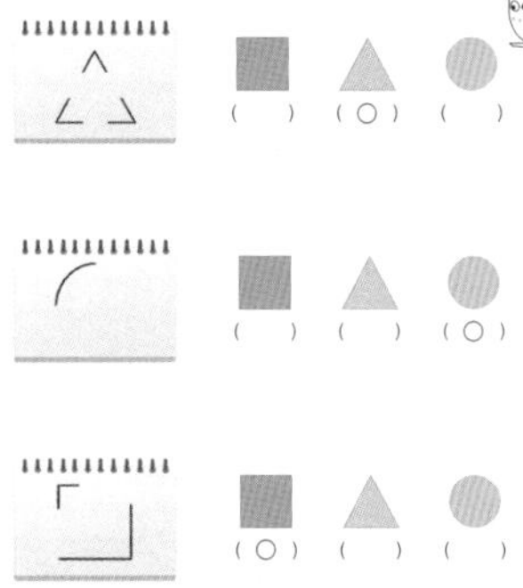

26쪽

문제로 개념을 확인해요

쓰기

그림을 보고 물음에 답하세요.

각 모양의 특징을 잘 알아 두자!

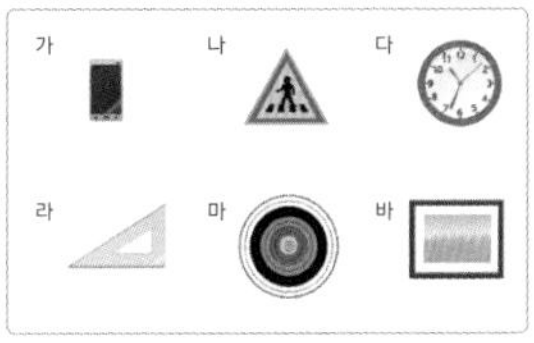

뾰족한 곳이 없는 모양의 물건을 모두 찾아 기호를 쓰세요. (다, 마)

둥근 부분이 없고, 뾰족한 곳이 4군데 있는 모양의 물건을 모두 찾아 기호를 쓰세요. (가, 바)

뾰족한 곳이 3군데 있는 모양의 물건을 모두 찾아 기호를 쓰세요. (나, 라)

27쪽

문제로 개념을 확인해요

선잇기

그림과 같이 잘랐을 때 나오는 모양과 본떠 그린 모양이 같은 것을 찾아 알맞게 이으세요.

잘랐을 때 나오는 면을 상상해 봐!

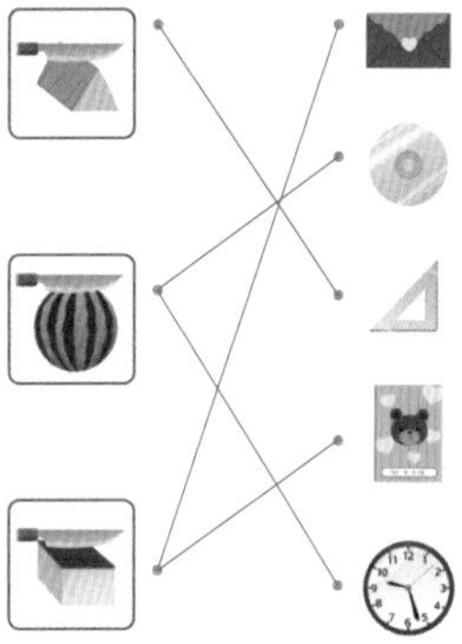

29쪽

문제로 개념을 확인해요

표시하기

모양을 만드는 데 사용한 모양을 모두 찾아 ○표 하세요.

사용한 모양을 모두 찾는 거야!

30쪽

문제로 개념을 확인해요

쓰기

각 모양을 몇 개씩 사용해서 만든 모양인지 쓰세요.

센 모양에 표시를 해서 두 번 세지 않도록 조심해!

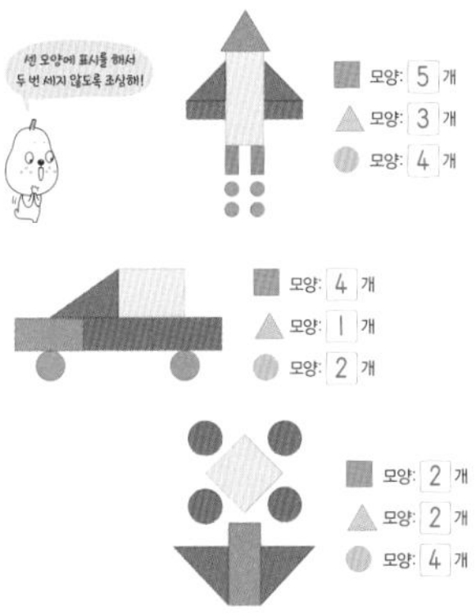

31쪽

문제로 개념을 확인해요

선잇기

보기 의 모양을 모두 사용해서 만든 모양을 찾아 선으로 이으세요.

■모양 3개, ▲모양 2개, ●모양 1개로 만든 모양을 찾으면 돼!

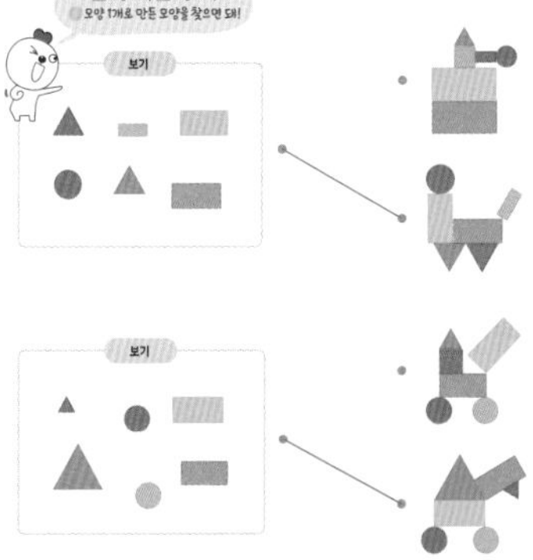

33쪽

문제로 개념을 확인해요

선 잇기

규칙에 맞게 무늬를 꾸민 것을 찾아 선으로 이으세요.

◈ – ■ – ◈ 가 반복되는 규칙

◆ – ● – ● 가 반복되는 규칙

33

34쪽

문제로 개념을 확인해요

색칠하기

규칙에 따라 빈칸에 알맞게 색칠하세요.

반복되는 색을 찾아봐!

노랑	초록	노랑	초록
초록	노랑	초록	노랑

초록	초록	주황	주황
주황	주황	초록	초록
초록	초록	주황	주황

		빨강	노랑
파랑	빨강	노랑	파랑
빨강	노랑	파랑	파랑

34

35쪽

문제로 개념을 확인해요

그리기

규칙에 따라 빈칸에 알맞게 그리세요.

반복되는 모양을 찾아봐!

35

36쪽

08 그림과 글로 배워요

1 ■, ■, ● 모양을 사용해서 만든 모양입니다. ■ 모양을 더 많이 사용한 사람은 누구인지 구하세요.

동주 민소

동주가 사용한 ■ 모양의 수 → 3 개

민소가 사용한 ■ 모양의 수 → 4 개

표시하면서 세야 두 번 세지 않아.

다른 모양은 세지 마!

두 사람 중 ■ 모양을 더 많이 사용한 사람은 민소 입니다.

36

37쪽

2 ■, ▲, ● 모양을 사용해서 나타낸 그림을 보고 알맞게 이야기한 친구는 누구인지 이름을 쓰세요.

나무 꽃 애벌레

지호: 나무는 ■, ▲, ● 모양이 모두 있어.

세아: 꽃은 ■와 ▲ 모양으로만 되어 있어.

명준: 애벌레는 ● 모양으로만 되어 있어.

나무를 만드는 데 사용한 모양 → (■, ▲, ●)

꽃을 만드는 데 사용한 모양 → (■, ▲, ●)

애벌레를 만드는 데 사용한 모양 → (■, ▲, ●)

친구들이 한 말과 비교해 봐.

그림을 보고 알맞게 이야기한 친구는 명준 입니다.

37

38쪽

3 잘 굴러가는 모양의 물건만 모은 사람은 누구인지 쓰세요.

선호 지혜 민수

조건 잘 굴러가는 모양: (■, ■, ●)

풀이 선호가 모은 모양: (■, ■, ●)

지혜가 모은 모양: (■, ■, ●)

민수가 모은 모양: (■, ■, ●)

답 잘 굴러가는 모양만 모은 사람은 지혜 입니다.

4 뾰족한 곳이 없는 모양은 모두 몇 개인지 구하세요.

조건 뾰족한 곳이 없는 모양: (■, ▲, ●)

풀이 ■ 모양: 4 개, ▲ 모양: 2 개, ● 모양: 2 개

답 뾰족한 곳이 없는 모양은 2 개입니다.

38

39쪽

5 뾰족한 곳이 4군데인 모양을 더 많이 사용해서 모양을 만든 사람은 누구인지 쓰세요.

이랑 태주

조건 뾰족한 곳이 4군데인 모양: (■, ▲, ●)

풀이 이랑이가 사용한 뾰족한 곳이 4군데인 모양의 수: 6 개

태주가 사용한 뾰족한 곳이 4군데인 모양의 수: 5 개

답 뾰족한 곳이 4군데인 모양을 더 많이 사용해서 모양을 만든 사람은 이랑 입니다.

6 윤희가 규칙을 정해 무늬를 꾸민 포장지입니다. 규칙에 따라 빈칸에 알맞은 모양을 그리고 색칠해 보세요.

조건 반복되는 모양을 찾아 표시하세요.

풀이 ● 모양 다음에 놓이는 모양: (●, ■, ◆)

■ 모양 다음에 놓이는 모양: (●, ■, ◆)

◆ 모양 다음에 놓이는 모양: (●, ■, ◆)

39

40쪽

09 마무리 평가

왼쪽 그림과 같은 모양의 물건을 찾아 ○표 하세요.

④ 모양에 알맞은 물건을 찾아 선으로 이으세요.

그림을 보고 물음에 답하세요.

⑤ ■ 모양: 2 개

⑥ ■ 모양: 2 개

⑦ ● 모양: 2 개

다음 모양을 만드는데 사용한 모양에 모두 ○표 하세요.

40

41쪽

걸린 시간 20분 맞힌 개수 개

왼쪽 그림과 같은 모양의 물건을 찾아 ○표 하세요.

⑬ 본뜬 모양을 찾아 선으로 이으세요.

그림을 보고 물음에 답하세요.

⑭ ■ 모양: 2 개

⑮ ▲ 모양: 2 개

⑯ ● 모양: 2 개

다음 모양을 만드는 데 가장 많이 사용한 모양에 ○표 하세요.

⑰ (■, ▲, ●) ⑱ (■, ▲, ●)

41

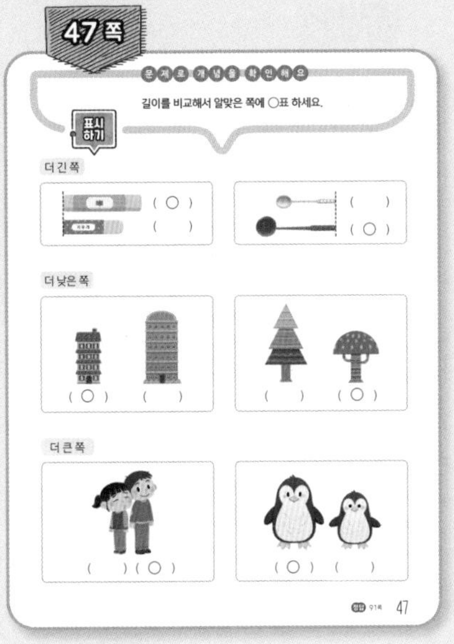
47쪽

문제로 개념을 확인해요

표시하기 길이를 비교해서 알맞은 쪽에 ○표 하세요.

더 긴 쪽

더 낮은 쪽

더 큰 쪽

정답 91쪽 47

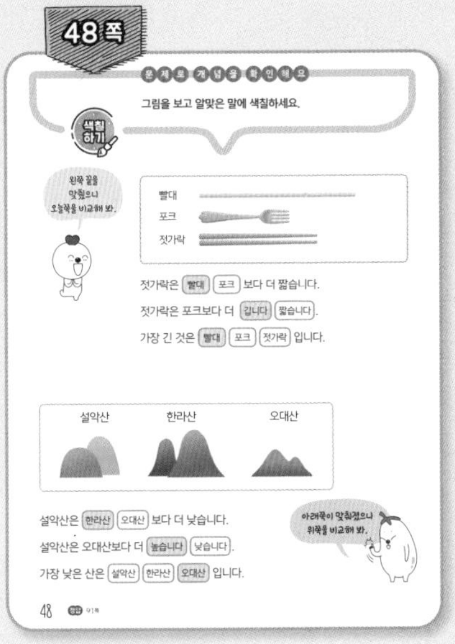
48쪽

문제로 개념을 확인해요

색칠하기 그림을 보고 알맞은 말에 색칠하세요.

젓가락은 빨대 포크 보다 더 짧습니다.

젓가락은 포크보다 더 깁니다 짧습니다.

가장 긴 것은 빨대 포크 젓가락 입니다.

설악산은 한라산 오대산 보다 더 낮습니다.

설악산은 오대산보다 더 높습니다 낮습니다.

가장 낮은 산은 설악산 한라산 오대산 입니다.

48 정답 91쪽

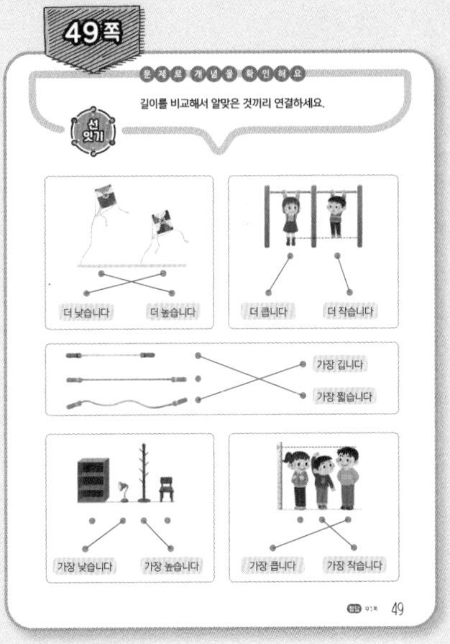
49쪽

문제로 개념을 확인해요

선 잇기 길이를 비교해서 알맞은 것끼리 연결하세요.

정답 91쪽 49

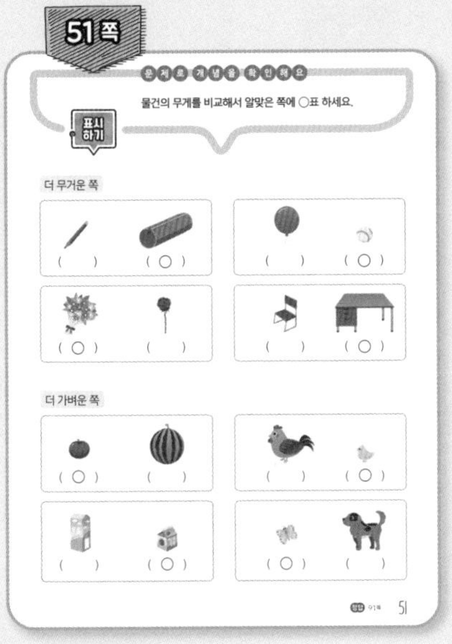
51쪽

문제로 개념을 확인해요

표시하기 물건의 무게를 비교해서 알맞은 쪽에 ○표 하세요.

더 무거운 쪽

더 가벼운 쪽

정답 91쪽 51

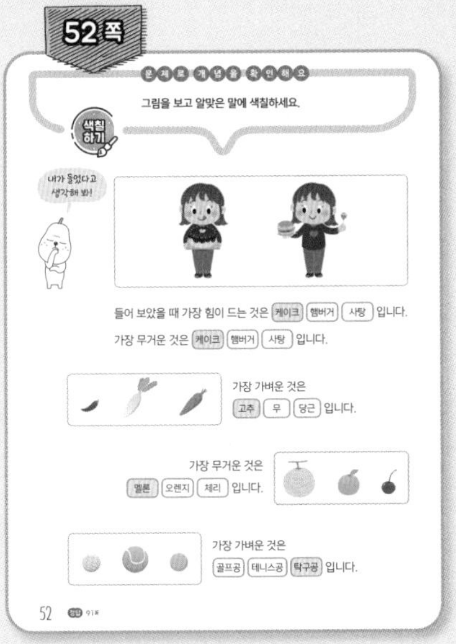
52쪽

문제로 개념을 확인해요

색칠하기 그림을 보고 알맞은 말에 색칠하세요.

들어 보았을 때 가장 힘이 드는 것은 케이크 햄버거 사탕 입니다.

가장 무거운 것은 케이크 햄버거 사탕 입니다.

가장 가벼운 것은 고추 무 당근 입니다.

가장 무거운 것은 멜론 오렌지 체리 입니다.

가장 가벼운 것은 골프공 테니스공 탁구공 입니다.

52 정답 91쪽

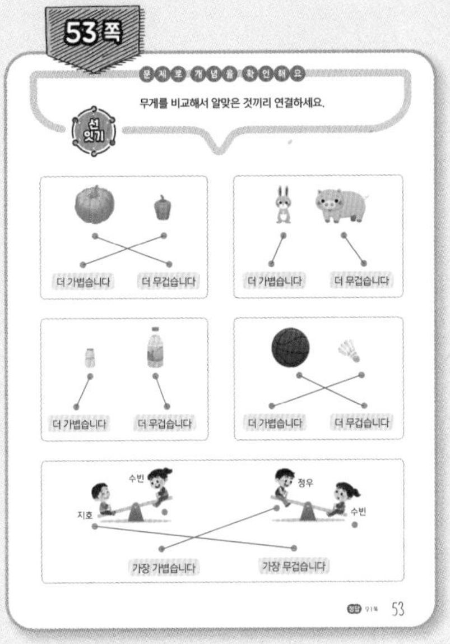
53쪽

문제로 개념을 확인해요

선 잇기 무게를 비교해서 알맞은 것끼리 연결하세요.

정답 91쪽 53

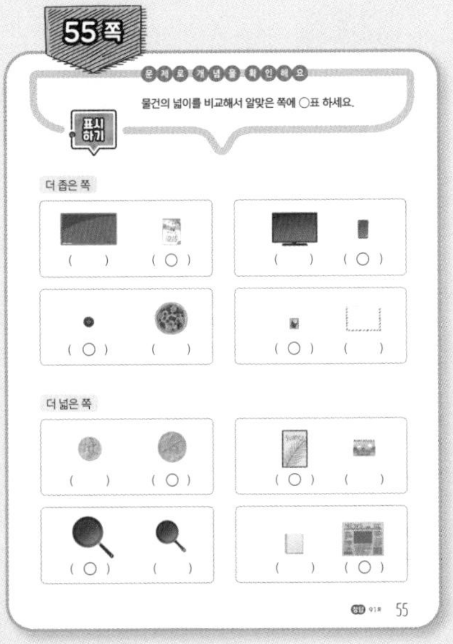
55쪽

문제로 개념을 확인해요

표시하기 물건의 넓이를 비교해서 알맞은 쪽에 ○표 하세요.

더 좁은 쪽

더 넓은 쪽

정답 91쪽 55

56쪽

문제로 개념을 확인해요

색칠하기 그림을 보고 가장 넓은 것에 파란색, 가장 좁은 것에 빨간색으로 색칠하세요.

56 정답 91쪽

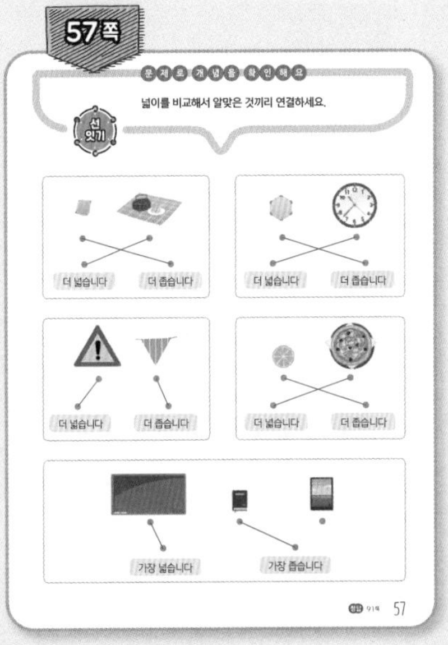
57쪽

문제로 개념을 확인해요

선 잇기 넓이를 비교해서 알맞은 것끼리 연결하세요.

정답 91쪽 57

59쪽

문제로 개념을 확인해요

표시하기 담을 수 있는 양을 비교해서 알맞은 쪽에 ○표 하세요.

더 많은 쪽

(○) ( ) / (○) ( )

( ) (○) / ( ) (○)

더 적은 쪽

(○) ( ) / (○) ( )

( ) (○) / ( ) (○)

59

60쪽

문제로 개념을 확인해요

쓰기 그림을 보고 가장 많이 담긴 것부터 차례로 1, 2, 3을 쓰세요.

그릇의 크기가 같으면 담긴 높이를 비교하면 돼!

3, 1, 2

1, 3, 2

담긴 높이가 같네! 그릇의 크기를 비교하라!

2, 3, 1

2, 1, 3

60

61쪽

문제로 개념을 확인해요

선 잇기 들이를 비교해서 알맞은 것끼리 연결하세요.

더 적습니다 / 더 많습니다

더 적습니다 / 더 많습니다

더 적습니다 / 더 많습니다

더 적습니다 / 더 많습니다

가장 적습니다 / 가장 많습니다

61

63쪽

문제로 개념을 확인해요

표시하기 그림을 보고 분류 기준으로 알맞은 것에 ○표, 알맞지 않은 것에 ×표 하세요.

무서운 것과 무섭지 않은 것 (×)

땅에서 생활하는 것과 물에서 생활하는 것 (○)

좋아하는 것과 좋아하지 않는 것 (×)

귀여운 것과 귀엽지 않은 것 (×)

다리가 있는 것과 없는 것 (○)

누구나 같은 답을 할 수 있는 것이 기준이 될 수 있어.

63

64쪽

문제로 개념을 확인해요

색칠하기 분류 기준으로 알맞은 것에 색칠하세요.

모양, 색깔, 개수 등 중 나누어지는 기준이 뭘까?

색깔 / 모양

바퀴 수 / 색깔

색깔 / 모양

64

65쪽

문제로 개념을 확인해요

쓰기 어떻게 분류한 것인지 보기 에서 찾아 분류 기준을 쓰세요.

보기 용도 사용하는 계절 다리의 수

특징을 찾아서 분류 기준을 정해.

분류 기준: 용도

분류 기준: 다리의 수

분류 기준: 사용하는 계절

65

67쪽

문제로 개념을 확인해요

쓰기 그림을 보고 주어진 기준에 따라 분류해 보세요.

축구 사이클 농구 태권도 야구 볼링 달리기

공을 사용하는 운동	축구, 농구, 야구, 볼링
공을 사용하지 않는 운동	사이클, 태권도, 달리기

단소 오카리나 기타 하프 트럼펫 리코더

줄을 튕겨서 소리를 내는 악기	기타, 하프
입으로 불어서 소리를 내는 악기	단소, 오카리나, 트럼펫, 리코더

67

68쪽

문제로 개념을 확인해요

계산하기 주어진 모양을 색깔에 따라 분류할 때 쓰인 수의 합이 가장 큰 색깔을 쓰세요.

모양은 모두 같고 색깔만 다르네.

29 42 5 88 54

6 35 7 9 3

사탕 색	쓰인 수	수의 합
빨간색	54, 7, 3	64
파란색	29, 42, 88, 6, 9	174
노란색	5, 35	40

수의 합이 가장 큰 색깔은 (파란색)입니다.

3 12 13 4 10 8 2

16 7 5 14 21 11 9

사탕 색	쓰인 수	수의 합
빨간색	13, 8, 2, 5, 9	37
주황색	12, 21	33
파란색	3, 10, 16, 14	43
노란색	4, 7, 11	22

수의 합이 가장 작은 색깔은 (노란색)입니다.

68

69쪽

문제로 개념을 확인해요

쓰기 단추를 보고 여러 기준으로 분류해 번호를 쓰세요.

분류 기준: 단춧구멍의 수

구멍이 2개인 단추	①, ②, ⑤, ⑥, ⑦, ⑨, ⑫, ⑮
구멍이 4개인 단추	③, ④, ⑧, ⑩, ⑪, ⑬, ⑭

분류 기준: 색깔

빨간색 단추	②, ⑫, ⑬,
노란색 단추	①, ⑧, ⑨, ⑩, ⑭, ⑮
파란색 단추	③, ④, ⑤, ⑥, ⑦, ⑪

분류 기준: 모양

□ 모양	②, ③, ⑥, ⑧, ⑨
○ 모양	①, ⑦, ⑩, ⑪
△ 모양	⑤, ⑫, ⑮
⬡ 모양	④, ⑬, ⑭

69

71쪽

문제로 개념을 확인해요

쓰기 친구들이 좋아하는 계절을 조사하였습니다. 계절에 따라 분류하고 그 수를 세어 쓰세요.

어떤 계절을 몇 명이 좋아하는지 한눈에 알 수 있어.

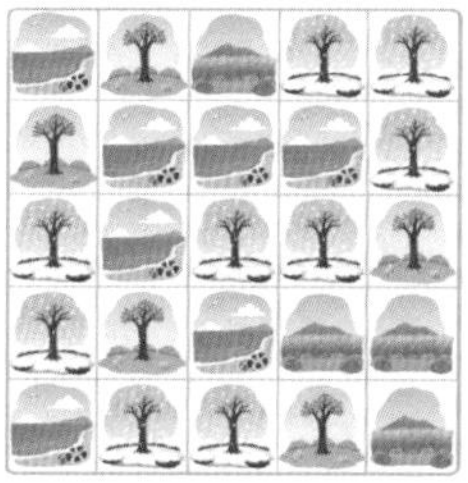

계절	봄	여름	가을	겨울
세면서 표시하기	𝍸	𝍸 //	////	𝍸 ////
학생 수(명)	5	7	4	9

정답 93쪽 71

72쪽

문제로 개념을 확인해요

쓰기 주어진 기준에 따라 분류하고 그 수를 세어 쓰세요.

분류 기준: 색깔

색깔	노란색	빨간색	보라색	초록색
이름	배, 망고, 바나나	체리, 딸기, 토마토, 사과	포도	수박, 멜론
수(개)	3	4	1	2

분류 기준: 다리 수

다리 수	없는 것	2개	4개	6개
이름	뱀, 고래	펭귄, 오리, 홍학	말, 거북, 소, 고양이	무당벌레
수(마리)	2	3	4	1

72 정답 93쪽

73쪽

문제로 개념을 확인해요

쓰기 주어진 기준에 따라 분류하고 그 수를 세어 쓰세요.

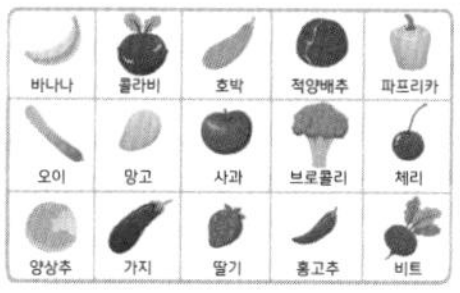

분류 기준: 종류

종류	채소	과일
이름	콜라비, 호박, 적양배추, 파프리카, 오이, 브로콜리, 양상추, 가지, 홍고추, 비트	바나나, 망고, 사과, 체리, 딸기
수(개)	10	5

분류 기준: 색깔

색깔	노란색	빨간색	보라색	초록색
이름	바나나, 파프리카, 망고	사과, 체리, 딸기, 홍고추, 비트	콜라비, 적양배추, 가지	호박, 오이, 브로콜리, 양상추
수(개)	3	5	3	4

정답 93쪽 73

75쪽

문제로 개념을 확인해요

쓰기 가 보고 싶은 체험 활동 장소에 따라 분류하고 그 수를 세어 보세요.

장소	놀이공원	천문대	미술관	박물관
학생 수(명)	8	6	4	2

→ 가장 많은 학생이 가고 싶어 하는 곳은 놀이공원 이고,
가장 적은 학생이 가고 싶어 하는 곳은 박물관 입니다.
체험 학습을 놀이공원 (으)로 가면 좋겠습니다.

정답 93쪽 75

76쪽

문제로 개념을 확인해요

쓰기 친구들이 좋아하는 운동을 조사하였습니다. 조사한 내용을 보고 물음에 답하세요.

76 정답 93쪽

77쪽

문제로 개념을 확인해요

쓰기 주어진 기준에 따라 분류하고 수를 세어 보세요.

운동	줄넘기	태권도	축구	수영	야구
세면서 표시하기	𝍸	𝍸 ///	𝍸 /	////	//
학생 수(명)	5	8	6	4	2

→ 가장 많은 학생이 좋아하는 운동은 태권도 이고,
가장 적은 학생이 좋아하는 운동은 야구 입니다.

기준	공을 사용하는 운동	공을 사용하지 않는 운동
세면서 표시하기	𝍸 ///	𝍸 𝍸 𝍸 //
학생 수(명)	8	17

→ 공을 사용하는 운동을 좋아하는 학생은 8 명이고,
공을 사용하지 않는 운동을 좋아하는 학생은 17 명입니다.

정답 93쪽 77

78쪽

09 그림과 글로 배워요

1 민호, 연주, 지우가 둘씩 시소를 타고 있습니다. 세 사람의 무게를 비교해서 가장 무거운 사람부터 순서대로 쓰세요.

연주와 민호 중 더 가벼운 사람은 연주 입니다.

지우와 연주 중 더 가벼운 사람은 연주 입니다.

가장 가벼운 사람은 연주 입니다.
지우와 민호 중 더 무거운 사람은 민호 입니다.

무거운 사람부터 순서대로 이름을 써 보면 민호, 지우, 연주 입니다.

78 정답 93쪽

79쪽

2 ○ 모양이면서 구멍이 4개 있는 단추는 모두 몇 개인지 구하세요.

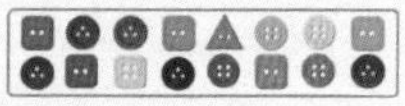

○ 모양인 단추에 ○표 해요.

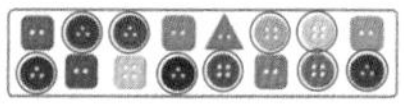

구멍의 수가 4개인 단추에 ○표 해요.

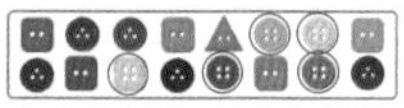

○ 모양이면서 구멍이 4개인 단추는 4 개입니다.

동시에 표시 한 단추를 세어 봐.

정답 93쪽 79

80쪽

3 그림을 보고 키가 가장 큰 사람의 이름을 쓰세요.

조건 (1) 한쪽 끝이 맞춰진 곳은(머리쪽, 발쪽)입니다.
(2) 서 있는 계단의 높이가(같습니다 , 다릅니다).

풀이 서 있는 계단의 높이가 낮은 순서대로 쓰면 지혜, 미소, 경준 입니다.

답 키가 가장 큰 사람은 지혜 입니다.

4 똑같은 컵을 오른쪽과 같이 사용하여 비어 있는 세 그릇에 각각 물을 가득 채웠습니다. 물을 가장 많이 담을 수 있는 것은 어느 그릇인지 구하세요.

그릇	컵 수(개)
가	5
나	2
다	3

조건 (1) 가 그릇을 가득 채우기 위해 필요한 컵 수: 5 개
(2) 나 그릇을 가득 채우기 위해 필요한 컵 수: 2 개
(3) 다 그릇을 가득 채우기 위해 필요한 컵 수: 3 개

풀이 들이가 많은 그릇부터 써 보면 가, 다, 나 입니다.

답 물을 가장 많이 담을 수 있는 그릇은 가 입니다.

80 정답 93쪽

81쪽

5 진수는 오른쪽 그림과 같이 책을 분류하였습니다. 잘못 분류된 책의 제목은 무엇인지 찾아쓰세요.

조건 (1) 심청전, 콩쥐팥쥐, 선녀와 나무꾼, 흥부전은((전래동화), 위인전)입니다.

(2) 이순신, 세종대왕, 에디슨은 (전래동화 , (위인전))입니다.

풀이 위의 책을 책의 종류에 따라 다시 분류해 보면 다음과 같습니다.

전래동화	심청전, 콩쥐팥쥐, 선녀와 나무꾼, 흥부전, 금도끼은도끼
위인전	이순신, 세종대왕, 에디슨

답 잘못 분류된 책의 제목은 금도끼은도끼 입니다.

6 친구들이 가고 싶어하는 나라를 조사하였습니다. 프랑스에 가고 싶어하는 친구는 호주에 가고 싶어하는 친구보다 몇 명 더 많은지 구하세요.

조건

나라	미국	프랑스	호주	일본
친구 수(명)	2	7	4	1

풀이 프랑스에 가고 싶어하는 친구 수: 7 명, 호주에 가고 싶어하는 친구 수: 4 명

답 프랑스에 가고 싶어하는 친구는 호주에 가고 싶어하는 친구보다 3 명 더 많습니다.

정답 94쪽 81

82쪽

10 마무리 평가

두 물건을 비교해서 알맞은 그림에 ○표 하세요.

❶ 더 짧은 쪽

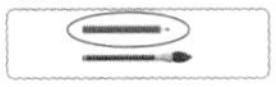

❷ 더 무거운 쪽

❸ 더 낮은 쪽

❹ 더 큰 쪽

❺ 더 넓은 쪽

❻ 더 많은 쪽

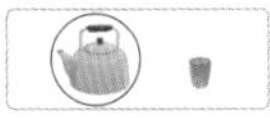

❼ 가장 작은 쪽

❽ 가장 가벼운 쪽

82 정답 94쪽

83쪽

표준 시간 20분 맞힌 개수 개

분류 기준으로 알맞은 것에 ○표, 알맞지 않은 것에 ×표 하세요.

❾ 좋아하는 것과 좋아하지 않는 것 (×)

❿ 바퀴가 2개인 것과 바퀴가 4개인 것 (○)

⓫ 재미있는 것과 재미없는 것 (×)

그림을 보고 물음에 답하세요.

⓬ 모양에 따라 분류하고 그 수를 세어 쓰세요.

모양	○	△	□
세면서 표시하기	////	//	///
물건 수(개)	4	2	3

⓭ 가장 많은 수의 물건의 모양은((○), △ , □)입니다.

⓮ 가장 적은 수의 물건의 모양은(○ ,(△), □)입니다.

정답 94쪽 83

상장

이름 ____________

위 어린이는
1학년에게 꼭 필요한 도형과 측정을
스스로 열심히 마쳤습니다.

이에 칭찬하여 이 상장을 드립니다.

년 월 일

교과서 연계 연산 강화 프로젝트
쌤과 맘이 만든
쌍둥이 연산노트
예습과 복습, 2권으로
초등 수학 연산 공부 끝!
한 달 완성!
정가 9,500원
빠른 학기 드릴 연산
쌍둥이 연산노트
자세한 단계 진도 연산
이젠 연산왕
재미있는 만화수학교과서
이젠 꼭 필요한 초등수학
이젠교육
EZEN EDUCATION

수학 교과서에 맞춘

이젠 꼭 필요한 초등수학 시리즈

| 교육과정 | 수학 교과서 중요 단원

초등 1학년	초등 2학년	초등 3학년	초등 4학년
1학기 / 2학기	1학기 / 2학기	1학기 / 2학기	1학기 / 2학기

→

여러 가지 모양 / 여러 가지 모양 / 비교하기 / 여러 가지 도형 / 길이 재기 / 길이 재기 / 분류하기

→

평면도형 / 원 / 평면도형의 이동 / 삼각형 / 사각형 / 다각형

→

곱셈 / 곱셈구구

→

분수와 소수 / 분수 / 분수의 덧셈과 뺄셈 / 소수의 덧셈과 뺄셈

→

시계 보기와 규칙 찾기 / 시각과 시간 / 길이와 시간 / 들이와 무게 / 각도

의 책이에요!

제 품 명: 1학년에게 꼭 필요한 도형과 측정
제조자명: 이젠교육
제조국명: 대한민국
제조년월: 판권에 별도 표기
사용학년: 8세 이상
※ KC마크는 이 제품이 공통안전기준에 적합하였음을 의미합니다.

값 16,000원 (2권 세트)
63410
9 791190 880657
ISBN 979-11-90880-65-7

시작하면 끝까지 보는

이젠 꼭 필요한 초등수학 시리즈

초등 1학년 | 초등 2학년 | 초등 3학년 | 초등 4학년

의 책이에요!

제 품 명: 1학년에게 꼭 필요한 도형과 측정
제조자명: 이젠교육
제조국명: 대한민국
제조년월: 판권에 별도 표기
사용학년: 8세 이상

※ KC마크는 이 제품이 공통안전기준에 적합하였음을 의미합니다.

값 16,000원 (2권 세트)
ISBN 979-11-90880-65-7